KB235084

무학대사의
도선비기

우리 곁에 다가온
한국 전통풍수지리의 으뜸서

무학대사의 도선비기

정두봉 · 천병준 엮음

이담 Books

책머리에

　　우리는 현재 아날로그 시대에서 디지털 시대로 접어들고 있다. 현재로 말하면 인간과 공유할 수밖에 없는 물질적 사실이 호화롭고 편리한 정보화 시대를 맞았다고 할 수 있다. 반면에 옛것의 전통과 새로운 것을 받아들여 온 "온고이지신(溫故而知新)"[1]의 정신의식은 점점 빛바래가고 있다. 이러한 상황에서, 우리는 도선의 『산수비기』라는 책 속에서 지혜로운 삶의 여정을 돌아봐야 할 것이다. 그 여정은 바로 누구나 부(富)와 귀(貴)를 추구해야 하는 평범한 삶의 과정이었다. 다시 말해서, 첫째로 이 '부'는 열심히 일하여 얻어지는 조그만 재력이었고, 둘째로 '귀'는 자신만이 갖고 있는 특유한 건강이었다. 산수비기는 이 둘이 모두 길지 선택(明堂)에서 온다고 강조하고 있다. 우리는 이 점을 따져볼 때 자신만이 가진 잠재적 재력과 건강의 가치를 쉽게 간과(看過)해서는 안 될 것이며, 한 번쯤은 그의 "논리와 사유"에 사로잡혀 집작해 봐야 할 것이다.

　　누구나 산수학을 연구하고 싶다면 한국의 지리도참사상(地理圖讖思想)의 목록을 뒤져봐야 할 것이다. 한국의 지리도참사상에는 당연히 도선국사(道詵國師, 827-898)를 외면하고는 논의할 수가 없다. 왜냐하면, 도선은 왕건의 탄생과 조선의 건국을 예언한 바 있으며, 그가 지은 『산수비기』는 신라뿐만 아니라 고려와 조선 사회에도 풍수학의 거대한 획(劃)을 그어온 것이 사실이기 때문이다. 아울러 그는 우리에게 한국명산의 수려한 절터, 도읍지의 중대한 결정, 가끔은 복잡한 도시에서 훌쩍 떠나 며칠간 머물고 싶은 별장, 그리고 농심(農心)이 배어 있는 소포(小圃)의 농막까지 그의 풍수학에 힘입지 않는

---

[1] 『논어』. 위정편. 11.

것이 없다. 그러한 공로로 신라 효공왕은 그에게 요공국사(了空國師)라는 시호를 내렸으며, 고려왕실에서도 특히 그를 존경한 현종은 그를 대선사(大禪師)로, 숙종은 왕사(王師)로까지 추증하였으며, 인종은 그를 선각국사(先覺國師)라는 시호를 내린 바 있다.

사실 도선이라는 사람은 신라 말기의 승려였다. 속성은 김이며, 영암사람으로 신라 말에 광양 백운산 옥용사에 오래 정착하였다. 우리는, 태조가 조국의 미래를 위해 그렇게 도선 국사를 목마르게 찾으려고 한 이유가 어디에 있는가? 예로부터 줄곧 풍수학(風水學)은 나침반(羅針盤)이 가리키는 방향과학(方向科學)이라고 간주해왔다. 이 방향과학을 근거로 하여 태고에서 지금까지 인간의 삶에 "길조(吉兆)와 흉조(凶兆)"라는 잣대를 들이대어 온 것도 사실이다. 이러한 천리(天理)의 원초적 기준은 과연 어디에서 어떻게 왔을까? 이 점은 여전히 우리에게 미해결의 과제로 남아 있다. 우리는 단견(短見)이지만 그것에 대해 수려(秀麗)한 산수(山水)를 볼 줄 아는 인간관(人間觀), 수세(水勢)에 따른 삶의 예리한 판단, 나침반 속의 정밀한 방향과학, 이 삼합(三合)은 모두 인간의 철학적 성찰(省察)에서 이뤄질 것으로 믿는다. 다시 이 두 분의 지리도참여정을 따라가 보자. 태조(太祖)는 일찍이 궁예의 부장으로 이 지역에 출정하여 나주를 중심으로 후백제의 말미에서 불굴의 거점을 구축하였다. 아마도 이때 태조와 도선이 지리적 이슈에서 조선건국을 놓고 난상토론이 있었을 것이다. 그다음 그들은 태조 즉위 7년에 태조가 천문점서가 최지몽을 시종 겸 고문으로 삼았는데, 지몽은 도선과 같은 고향에서 태어나 똑같은 점서가라는 관점에서 의문이 가지 않을 수 없다. 이때 도선은 이미 작고한 상태지만 『산수비기』라는 책은 고려 태조가 죽기 전 달인 동왕 26년(943) 4월 내전에서 대광 박술희에게 내린 정치지침서인 훈요십조(訓要十條) 중 제2조에 그 내용이 금과옥조로 나타나고 있다. 그것은 다음과 같다.

"모든 사원은 다 도선 국사의 추점으로 이루어져 있다. 어떤 지형은 산수가 역리적(逆理的)이고, 어떤 지형은 산수가 순리적(順理的)이어서 도선은 지리에 따라 적절히 추점하고 개창하였다(諸寺院皆道詵推占山水順逆而開創)."[2]

이 점을 고려해 보면, 우리는, 태조가 도선의 지리도참사상(地理圖讖思想)을 근원으로 하여 정치적 이념, 즉 그 당시 불교의 발흥으로 절터 건립의 수요를 막으려는 정책

---

2) 하기락, 『조선철학사』, 부산: 신명도서, 1995, 473쪽 참조.

에서 지리도참사상을 활용하였으며, 당나라 고전의 흡수와 거란침입에 대한 지리적 보호강경책, 서역이 차지하는 우리나라의 지역적 중요성 인식, 차령 이남지역 사람의 정치적 참여제도는 모두 이 지리도참사상을 근거로 하고 있음을 알 수 있을 것이다.

그 뒤 그의 지리도참사상연구는 지리학의 거대한 산맥으로 이어온 무학대사(無學大師, 1327-1405)로 연결된다. 무학대사는 고려 말 조선 초기의 고승이었다. 속성은 박씨이고 이름은 자초(自超)이다. 태조의 스승으로 있었으며, 태조는 무학대사에게 불교사상과 유교사상, 즉 사지(寺址)와 산수연구에 많은 영향을 입었다. 그는 법천사, 송광사에서 끊임없는 무애행(無碍行)과 나아가 지리도참사상을 연구하기 위해 다시 회암사(檜巖寺)로 옮겨와 그곳에서 오래도록 풍수연구에 몰두하였다. 그가 풍수학에서 남긴 남다른 업적은 한양도읍(漢陽都邑)에 있다고 하겠다. 이 거대한 한양으로 도읍하게 된 동기와 업적은 말할 것도 없거니와 우리가 오늘날에도 『무학대사의 도선비기』[3]라는 책을 손 안에 넣은 것도 큰 인연이라고 할 수 있을 것이다. 우리는 이 책을 장별로 나누고 장마다 산(山: 陰陽의 산)과 수(水: 수의 형세에서 오는 인간의 길흉)를 천간(天干)과 지지(地支) 관계에서 "통맥(通脈)"과 "불통맥(不通脈)"으로 길흉화복을 인간의 철학적 지혜로 그 판별을 적나라하게 드러낼까 한다. 이 역서를 내는 과정에서 역자는 동양철학과정, 즉 천간(天干)과 지지(地支)를 착종(錯綜: 얽음)하는데 저 나름대로 해석한 곳에서 논리상의 오류가 많을 것으로 여긴다. 그리고 특히 본 저자의 본의(本意)를 잘못 전달할까 봐 더욱 전전긍긍하는 바이다. 풍수학을 연구하시는 강호제현께서는 따가운 질책(叱責)과 비정(批正)으로 항상 변함없는 지노편달(指導鞭撻)이 있으시길 바란다. 끝으로 출판 사업이 어려운 시기인데도 불구하고 이 책의 출판을 쾌히 승낙해 주신 한국학술정보(주) 채종준 대표이사님의 경영철학에 깊은 존경을 표하며 감사드리는 바이다. 아울러 회사의 설립 취지를 실현하려고 주야로 애쓰시는 강태우 차장님, 그리고 출판팀 제위께도 감사드리는 바이다.

2011. 6. 동화사 산악(山嶽)에서 나침반을 헤아린 날,

鄭杜奉, 千晒俊 드림

---

3) 이희승 편저, 『국어대사전』, 서울: 민중서림, 1981, 1268쪽 참조.

::목 차

IV

용맥(龍脈)의 측정과 이해

V

산수(山水)의 초석(礎石)인 나침반(羅針盤)의 9층 구조 이해

I

음양 통맥과 오행

Ⅰ. 음양 통맥과 오행

1. 음양의 통맥과 오행일치

1) 양음통맥(양음으로 통하는 맥)　　음양통맥(음양으로 통하는 맥)

좌선(左旋) ⇊ 우선(右旋)　　　　　　　좌선(左旋) ⇊ 우선(右旋)

(양陽)壬(임) ⇊ **子(자)**　　　　　　**(음陰)癸(계)** ⇊ **丑(축)**

(金楅) ⇊ (水楅)　　　　　　　　　　(水楅)⇊(金楅)

癸(계) ⤩ **丑(축) 癸(계)** ⤯ **丑(축)**　　**壬(임)** ⤩ **子(자) 壬(임)** ⤯ **子(자)**

(水楅) ⤩ (金楅)　　　(水楅) ⤯ (金楅)　　(金楅) ⤩ (水楅)　　(金楅) ⤯ (水楅)

2) 양음통맥(양음으로 통하는 맥)　　음양통맥(음양으로 통하는 맥)

左旋 ⇊ 右旋　　　　　　　　　　　　左旋 ⇊ 右旋

(양陽)艮(간) ⇊ **寅(인)**　　　　　　**(음陰)甲(갑)** ⇊ **卯(묘)**

土楅 ⇊ 火楅　　　　　　　　　　　　金楅 ⇊ 木楅

甲(갑) ⤩ **卯(묘) (갑)** ⤯ **卯(묘)**　　**艮(간)** ⤩ **寅(인) 艮(간)** ⤯ **寅(인)**

金楅 ⤩ 木楅　　　金楅 ⤯ 木楅　　　土楅 ⤩ 火楅　　　土楅 ⤯ 火楅

3) 양음통맥(양음으로 통하는 맥)　　　음양통맥(음양으로 통하는 맥)

左旋 ⇊ 右旋　　　　　　　　左旋 ⇊ 右旋

(양陽)乙(을) ⇊ 辰(진)　　　　　(음陰)巽(손) ⇊ 巳(사)

火榻 ⇊ 水榻　　　　　　　　木榻 ⇊ 金榻

巽(손) ⟋ 巳(사) 巽(손) ⟍ 巳(사)　　　乙(을) ⟋ 辰(진) 乙(을) ⟍ 辰(진)

木榻 ⟋ 金榻　　　木榻 ⟍ 金榻　　火榻 ⟋ 水榻　　　火榻 ⟍ 水榻

4) 양음통맥(양음으로 통하는 맥)　　　음양통맥(음양으로 통하는 맥)

左旋 ⇊ 右旋　　　　　　　　左旋 ⇊ 右旋

(양陽)丙(병) ⇊ 午(오)　　　　　(음陰)丁(정) ⇊ 未(미)

土榻 ⇊ 火榻　　　　　　　　火榻 ⇊ 木榻

丁(정) ⟋ 未(미) 丁(정) ⟍ 未(미)　　　丙(병) ⟋ 午(오) 丙(병) ⟍ 午(오)

金榻 ⟋ 木榻　　　金榻 ⟍ 木榻　　土榻 ⟋ 火榻　　　土榻 ⟍ 火榻

5) 양음통맥(양음으로 통하는 맥)　　　음양통맥(음양으로 통하는 맥)

左旋 ⇊ 右旋　　　　　　　　左旋 ⇊ 右旋

(양陽)坤(곤) ⇊ 申(신)　　　　　(음陰)庚(경) ⇊ 酉(유)

土榻 ⇊ 水榻　　　　　　　　火榻 ⇊ 金榻

庚(경) ⟋ 酉(유) 庚(경) ⟍ 酉(유)　　　坤(곤) ⟋ 申(신) 坤(곤) ⟍ 申(신)

火榻 ⟋ 金榻　　　火榻 ⟍ 金榻　　土榻 ⟋ 水榻　　　土榻 ⟍ 水榻

6) 양음통맥(양음으로 통하는 맥)　　　음양통맥(음양으로 통하는 맥)

左旋 ⇊ 右旋　　　　　　　　左旋 ⇊ 右旋

(양陽)辛(신) ⇊ 戌(술)　　　　　(음陰)乾(건) ⇊ 亥(해)

土榻 ⇊ 火榻　　　　　　　　金榻 ⇊ 木榻

乾(건) ⟋ 亥(해) 乾(건) ⟍ 亥(해)　　　辛(신) ⟋ 戌(술) 辛(신) ⟍ 戌(술)

金榻 ⟋ 木榻　　　金榻 ⟍ 木榻　　土榻 ⟋ 火榻　　　土榻 ⟍ 火榻

7) 陰陽一致, 五行不一致(음양은 일치하나 오행은 불일치)

	左旋 ⇅ 右旋		左旋 ⇅ 右旋
(양陽)壬(임) ⇅ 子(자)		(음陰)癸(계) ⇅ 丑(축)	
金楯 ⇅ 水楯		水楯 ⇅ 金楯	
乾(건) ⟋ 亥(해) 乾(건) ⟍ 亥(해)		艮(간) ⟋ 寅(인) 艮(간) ⟍ 寅(인)	
金楯 ⟋ 木楯 金楯 ⟍ 木楯		土楯 ⟋ 火楯 土楯 ⟍ 火楯	

8) 陰陽一致, 五行不一致(음양은 일치하나 오행은 불일치)

	左旋 ⇅ 右旋		左旋 ⇅ 右旋
(양陽)艮(간) ⇅ 寅(인)		(음陰)甲(갑) ⇅ 卯(묘)	
土楯 ⇅ 火楯		金楯 ⇅ 木楯	
癸(계) ⟋ 丑(축) 癸(계) ⟍ 丑(축)		乙(을) ⟋ 辰(진) 乙(을) ⟍ 辰(진)	
水楯 ⟋ 金楯 水楯 ⟍ 金楯		火楯 ⟋ 水楯 火楯 ⟍ 水楯	

9) 陰陽一致, 五行不一致(음양은 일치하나 오행은 불일치)

	左旋 ⇅ 右旋		左旋 ⇅ 右旋
(양陽)乙(을) ⇅ 辰(진)☞길지(吉地)		(음陰)巽(손) ⇅ 巳(사)	
火楯 ⇅ 水楯		木楯 ⇅ 金楯	
甲(갑) ⟋ 卯(묘) 甲(갑) ⟍ 卯(묘)		丙(병) ⟋ 午(오) 丙(병) ⟍ 午(오)	
金楯 ⟋ 木楯 金楯 ⟍ 木楯		土楯 ⟋ 火楯 土楯 ⟍ 火楯	

10) 陰陽一致, 五行不一致(음양은 일치하나 오행은 불일치)

	左旋 ⇅ 右旋		左旋 ⇅ 右旋
(양陽)丙(병) ⇅ 午(오)		(음陰)丁(정) ⇅ 未(미)☞길지(吉地)	
土楯 ⇅ 火楯		火楯 ⇅ 木楯	
巽(손) ⟋ 巳(사) 巽(손) ⟍ 巳(사)		坤(곤) ⟋ 申(신) 坤(곤) ⟍ 申(신)	
金楯 ⟋ 木楯 金楯 ⟍ 木楯		土楯 ⟋ 水楯 土楯 ⟍ 水楯	

11) 陰陽五行一致(음양과 오행이 일치)

左旋 ⇊ 右旋

(양陽)坤(곤) ⇊ 申(신) ☞길지(吉地)

土楬 ⇊ 水楬

庚(경) ⟋ 酉(유) 庚(경) ⟍ 酉(유)

火楬 ⟋ 金楬　　火楬 ⟍ 金楬

左旋 ⇊ 右旋

(음陰)庚(경) ⇊ 酉(유) ☞길지(吉地)

火楬 ⇊ 金楬

坤(곤) ⟋ 申(신) 坤(곤) ⟍ 申(신)

土楬 ⟋ 水楬　　土楬 ⟍ 水楬

12) 陰陽五行一致(음양과 오행이 일치)

左旋 ⇊ 右旋

(양陽)辛(신) ⇊ 戌(술) ☞길지(吉地)

土楬 ⇊ 火楬

乾(건) ⟋ 亥(해) 乾(건) ⟍ 亥(해)

金楬 ⟋ 木楬　　金楬 ⟍ 木楬

左旋 ⇊ 右旋

(음陰)乾(건) ⇊ 亥(해) ☞길지(吉地)

金楬 ⇊ 木楬

辛(신) ⟋ 戌(술) 辛(신) ⟍ 戌(술)

土楬 ⟋ 火楬　　土楬 ⟍ 火楬

2. 상합(相合: 둘 자리)과 단좌(單坐: 하나 자리)

앞에서 보듯이 상합(相合)에서는 길지(吉地)가 많다. 그러나 단일된 방향, 즉 <임壬> 좌(坐)와 <자子> 좌(坐)의 두 좌의 상합(相合)이 아니고 <임壬> 좌(坐) 하나만으로 내려오는 곳에 장지(葬地)를 잡으면 길지(吉地)가 되지 못하고, 인간의 재앙을 면치 못한다. 이 점을 고려하여 단좌(單坐)를 피하도록 하는 것이 좋다.

1) <임壬> 좌(坐)의 단일방향으로 묫(墓)자리를 쓴다면 후손에게 관송(官訟)·복병(腹病)·수사(水死)

2) <자子> 좌(坐)의 단일방향으로 묫자리를 쓴다면 후손에게 시비(是非)·폐병(肺病)·수사(水死)·파산(破産)

3) <계癸> 좌(坐)의 단일방향으로 묫자리를 쓴다면 후손에게 투사(投射)·복병(服病)·

파산(破産)·오사(誤死)

4) <축丑> 좌(坐)의 단일방향으로 묫자리를 쓴다면 후손에게 복병(服病)·오사(誤死)·
   화병(火病)

5) <간艮> 좌(坐)의 단일방향으로 묫자리를 쓴다면 후손에게 폐병(肺病)·오사(誤死)

6) <인寅> 좌(坐)의 단일방향으로 묫자리를 쓴다면 후손에게 화병(火病)·오사(誤死)

7) <갑甲> 좌(坐)의단일방향으로 묫자리를 쓴다면 후손에게 화병(火病)·목타(木打)·
   복병(服病)·관송(官訟: 관의 소송)·파산(破産)

8) <묘卯> 좌(坐)의 단일방향으로 묫자리를 쓴다면 후손에게 목타(木打)·복병(服病)·
   관송(官訟)·파산(破産)

9) <을乙> 좌(坐)의 단일방향으로 묫자리를 쓴다면 후손에게 복병(服病)·수사(水死)

10) <진辰> 좌(坐)의 단일방향으로 묫자리를 쓴다면 후손에게 수사(水死)·도적(盜
    賊)·음행(淫行)

11) <손巽> 좌(坐)의 단일방향으로 묫자리를 쓴다면 후손에게 복병(腹病)·수사(水
    死)·음행(淫行)

12) <사巳> 좌(坐)의 단일방향으로 묫자리를 쓴다면 후손에게 폐병(肺病)·수사(水
    死)·음행(淫行)

13) <병丙> 좌(坐)의 단일방향으로 묫자리를 쓴다면 후손에게 화병(火病)·폐병(肺
    病)·관송(官訟)

14) <오午> 좌(坐)의 단일방향으로 묫자리를 쓴다면 후손에게 화병(火病)·관송(官
    訟)·화산(火散)

15) <정丁> 좌(坐)의 단일방향으로 묫자리를 쓴다면 후손에게 화병(火病)·관송(官
    訟)·폐병(肺病)·파산(破産)

16) <미未> 좌(坐)의 단일방향으로 묫자리를 쓴다면 후손에게 화병(火病)·폐병(肺
    病)·목타(木打)

17) <곤坤> 좌(坐)의 단일방향으로 묫자리를 쓴다면 후손에게 복병(服病)·간병(肝
    病)·횡사(橫死)

18) <신申> 좌(坐)의 단일방향으로 묫자리를 쓴다면 후손에게 복병(服病)·투화(投火)

19) <경庚> 좌(坐)의 단일방향으로 묫자리를 쓴다면 후손에게 폐병(肺病)·관송(官訟)

20) <유酉> 좌(坐)의 단일방향으로 묫자리를 쓴다면 후손에게 관송(官訟)·복병(服病)·오사(誤死)

21) <신辛> 좌(坐)의 단일방향으로 묫자리를 쓴다면 후손에게 화병(火病)·관송(官訟)·횡사(橫死)

22) <술戌> 좌(坐)의 단일방향으로 묫자리를 쓴다면 후손에게 화병(火病)·도적(盜賊)·횡사(橫死)

23) <건乾> 좌(坐)의 단일방향으로 묫자리를 쓴다면 후손에게 화병(火病)·목타(木打)·환오(患誤)·오사(誤死)

24) <해亥> 좌(坐)의 단일방향으로 묫자리를 쓴다면 후손에게 복병(服病)·목타(木打)·환오(患誤)·횡사(橫死)

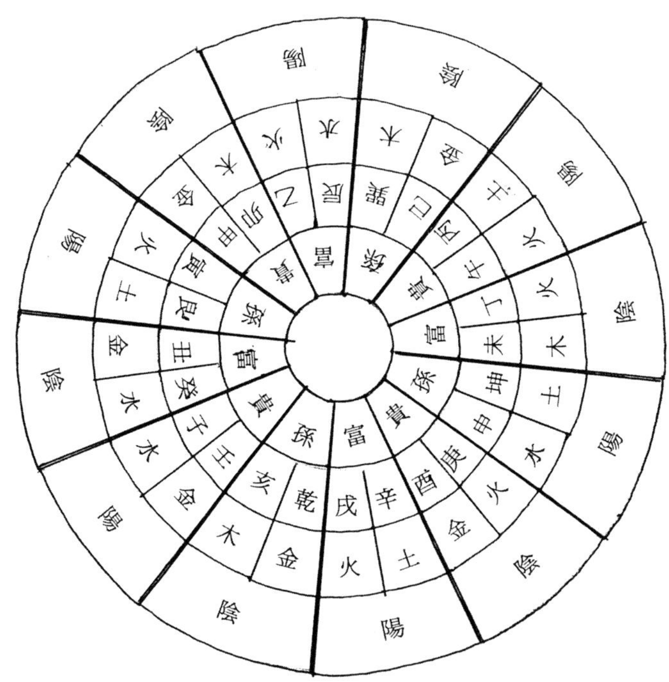

양산도와 음산도에 나타난 인간의 길흉화복

II

양산도(陽山圖)와 음산도(陰山圖)의 이해

Ⅱ. 양산도(陽山圖)와 음산도(陰山圖)의 이해

1. 양산도(陽山圖)

1) 6개의 양산도(陽山圖)

신술辛戌(양산) 회두(回頭)에 <곤신坤申> 좌(坐) --- 재물은 있으나 질병이 자주 발생한다.
신술辛戌(양산) 회두(回頭)에 <임자壬子> 좌(坐) --- 자손은 번창하나 염정(艶情)이 생긴다.

곤신坤申(양산) 회두(回頭)에 <병오丙午> 좌(坐) --- 재물이 있고 자손도 많다.
곤신坤申(양산) 회두(回頭)에 <신술辛戌> 좌(坐) --- 사손도 나고 새물도 많나.

병오丙午(양산) 회두(回頭)에 <을진乙辰> 좌(坐) --- 자손도 흥하고 재물도 많다.
병오丙午(양산) 회두(回頭)에 <곤신坤申> 좌(坐) --- 자손도 나고 재물도 많다.

을진乙辰(양산) 회두(回頭)에 <간인艮寅> 좌(坐) --- 자손은 나도 재산이 파산되고 망
하게 된다.
을진乙辰(양산) 회두(回頭)에 <병오丙午> 좌(坐) --- 자손은 나도 재산이 파산되고 망
하게 된다.

간인艮寅(양산) 회두(回頭)에 <을진乙辰> 좌(坐) --- 자손도 나도 재산이 파산되고 망
하게 된다.

간인艮寅(양산) 회두(回頭)에 <임자壬子> 좌(坐) --- 자손이 나고 문장이 난다.

임자壬子(양산) 회두(回頭)에 <신술辛戌> 좌(坐) --- 자손은 나도 염정(艶情)이 생긴다.

임자壬子(양산) 회두(回頭)에 <간인艮寅> 좌(坐) --- 자손이 많이 난다.

(1) 양산도(陽山圖)에 따른 좌향(坐向)

① 임壬(水)자子(金)	② 간艮(土)인寅(火)	③ 을乙(火)진辰(水)
간인艮寅 신술辛戌	을진乙辰 임자壬子	병오丙午 간인艮寅

④ 병丙(土)오午(火)	⑤ 곤坤(土)신申(水)	⑥ 신辛(土)술戌(火)
곤신坤申 을진乙辰	간인艮寅 신술辛戌	을진乙辰 임자壬子

※ <신술辛戌>에서 <곤신坤申>의 산가지가 생겨 내려가면 통맥(通脈)이 된다.

(2) 양산도(陽山圖)에서 사용 가능한 좌향

<건해乾亥>・<신술辛戌>・<경유庚酉>・<곤신坤申>・<정미丁未>・<병오丙午>・
<손사巽巳>・<을진乙辰>・<갑묘甲卯>・<간인艮寅>・<계축癸丑>・<임자壬子>

(3) 양산도(陽山圖)에서 사용 불가능한 좌향

<임해壬亥>・<건술乾戌>・<신유辛酉>・<경신庚申>・<곤미坤未>・<정오丁午>・
<사병巳丙>・<손진巽辰>・<묘을卯乙>・<갑인甲寅>・<축간丑艮>・<계자癸子>

2. 음산도(陰山圖)

1) 6개의 음산도(陰山圖)

건해乾亥(음산) 회두(回頭)에 <경유庚酉> 좌(坐) --- 질병도 나고 파폐한다.

건해乾亥(음산) 회두에 <경유庚酉> 좌(坐) --- 계좌정(癸)坐丁하면 재물나고, 축좌미(丑坐未)하면 장수난다.

경유庚酉(음산) 회두에 <정미丁未> 좌(坐) --- 장수나고 부자난다.

경유庚酉(음산) 회두에 <건해乾亥> 좌(坐) --- 질병도 나고 파폐한다.

정미丁未(음산) 회두에 <손사巽巳> 좌(坐) --- 장수나고 부자난다.

정미丁未(음산) 회두에 <경유庚酉> 좌(坐) --- 장수나고 부자난다.

손사巽巳(음산) 회두에 <갑묘甲卯> 좌(坐) --- 문관(文官)나고 무관(武官)난다.

손사巽巳(음산) 회두에 <정미丁未> 좌(坐) --- 장수나고 재물난다.

갑묘甲卯(음산) 회두에 <손사巽巳> 좌(坐) --- 문관나고 무관난다.

갑묘甲卯(음산) 회두에 <계축癸丑> 좌(坐) --- 장수나고 재물난다.

계축癸丑(음산) 회두에 <건해乾亥> 좌(坐) --- 장수나고 부자난다.

계축癸丑(음산) 회두에 <갑묘甲卯> 좌(坐) --- 장수나고, 갑좌(甲坐)간방에 물 보이면 재물난다.

2) 음산도(陰山圖)에 따른 좌향(坐向)

① 계癸(水)축丑(金)　　　② 갑甲(木)묘卯(金)　　　③ 손巽(木)사巳(金)

갑묘甲卯　　건해乾亥　　　손사巽巳　　계축癸丑　　　정미丁未　　갑묘甲卯

④ 정丁(火)미未(木)　　　⑤ 경庚(火)유酉(金)　　　⑥ 건乾(金)해亥(木)

경유庚酉　손사巽巳　　　건해乾亥　정미丁未　　　계축癸丑　경유庚酉

※ <건해乾亥>에서 <경유庚酉>로 산가지가 생겨 내려가면 통맥(通脈)이 된다.

3) 화국(火榻)과 목국(木榻)에 의한 불합(不合)

① 화국(火榻)---<간인艮寅> 좌(坐), <병오丙午> 좌(坐), <신술辛戌> 좌(坐)의 금생(金生)은 불합(不合)

② 목국(木榻)---<갑묘甲卯> 좌(坐), <정미丁未> 좌(坐), <건해乾亥> 좌(坐)의 토생(土生)도 불합(不合)

4) 지지(地支)와 오행(五行)

① 天干五行--- 陽　陰　陽　陰　陽　陰　陽　陰　陽　陰
② 天干-------　甲　乙　丙　丁　戊　已　庚　辛　壬　癸
③ 五行-------　木　木　火　火　土　土　金　金　水　水

① 地支-------　子　丑　寅　卯　辰　巳　午　未　申　酉　戌　亥
② 五行-------　水　土　木　木　土　火　火　土　金　金　土　水
③ 天干五行---　陽　陰　陽　陰　陽　陰　陽　陰　陽　陰　陽　陰

5) 천간(天干)의 합(合)

① 갑을합토(甲乙合土), ② 을경합금(乙庚合金), ③ 병신합수(丙辛合水), ④ 정임합목(丁壬合木), ⑤ 술계합화(戌癸合火)

❶ 상생(相生)---목생화(木生火), 화생토(火生土), 토생금(土生金), 금생수(金生水), 수생목(水生木)

❷ 상극(相剋)---토극수(土剋水), 수극화(水剋火), 화극금(火剋金), 금극목(金剋木)

❸ 수국(水局)---<임자壬子> 좌(坐), <을진乙辰> 좌(坐), <곤신坤申> 좌(坐), 화생(火生)은 불합(不合)

❹ 금국(金局)---<계축癸丑> 좌(坐), <손사巽巳> 좌(坐), <경유庚酉> 좌(坐), 화생(火生)은 불합(不合)

6) 시체가 썩지 않는 좌향

<자오子午> 좌(坐)와, <묘유卯酉> 좌향(坐向)에는 물이 정면으로 들어오며 묘에 물이 들어 있는 좌향(坐向)이다. 그리고 <간艮> 좌(坐)에서 <을진乙辰> 방향에는 막힌 데가 없고 바람이 불어오면 시체가 썩지 않는다. <오午> 방에 물이 고이고 <건乾> 방에도 공허하여 물이 나가더라도 천 년이 가도 시체(屍體)가 부패하지 않는다.

7) 묘 속에 뱀이 들어 있는 좌향

<진辰> 방(方)에 사두와 같은 돌이 정면으로 향해 들어오면 뱀이 들어 있다.

8) 시골(屍骨)이 도망가는 좌향

<건갑乾甲> 좌(坐)에 <임壬> 방(方)으로 물이 들어오면 901척하에 서 있다. <경유庚酉> 좌(坐)에 <갑묘甲卯> 향(向)이면 <간인艮寅> 파(破)는 흉하다.

9) 묫자리 좌향의 길좌(吉坐)와 부좌맥(不坐脈)

태조맥(太祖脈)은 <임자壬子>·<병오丙午>·<갑묘甲卯>·<경유庚酉>는 길좌(吉坐)이다.

고장맥(庫壯脈)은 <계축癸丑>·<을진乙辰>·<정미丁未>·<신술辛戌>은 길좌(吉坐)이다.

태맥절(胎脈絶)은 <간인艮寅>·<손사巽巳>·<곤신坤申>·<신술辛戌>·<건해乾亥>좌는 길좌(吉坐)이다.

10) 묫자리를 전혀 못 쓰는 좌향

① 사절맥(死絶脈)은 <임해壬亥>, <인갑寅甲>, <사병巳丙>, <경신庚甲>의 좌향(坐向)은 쓰지 못한다.
② 환맥(患脈)은 <건술乾戌>의 좌향으로는 쓰지 못한다.
③ 백병절(百病絶)은 <간축艮丑> 좌로 부좌(不坐)가 된다.
④ 황행절(湟行絶)은 <진손辰巽>으로 부좌(不坐)가 되며,
⑤ 양자절(養子絶)은 <곤미坤未>로써 부좌(不坐)이다.
⑥ 파절맥(破絶脈)은 <자계子癸>, <묘을卯乙>, <오정午丁>, 유신(酉辛) 좌(坐)는 부좌(不坐)가 된다.
⑦ <갑경甲庚>과 <병임丙壬> 좌(坐)의 고목(瞽目: 장님)----갑경병임고목법(甲庚丙壬瞽目法)

[원문] 「癸丑雙行下逢壬脈壬作, 辛戌雙行下逢庚脈庚作, 丁未雙行下逢丙脈丙作, 乙辰雙行下逢甲脈甲作.」

<계축癸丑> 쌍행 아래 <임壬> 맥(脈)을 만나 <임壬> 좌(坐)로 묘지를 쓰거나, <신술辛戌> 쌍행 아래 <경庚> 맥(脈)을 만나 <경庚> 좌(坐)를 쓰거나, <정미丁未> 쌍행 아래 <병丙> 脈을 만나 <병丙> 좌(坐)를 쓰거나, <을진乙辰> 쌍행 아

래 <갑甲> 맥(脈)을 만나 <갑甲> 좌(坐)로 묘지를 쓰게 되면 후손의 어느 대에 와서 고목(瞽目: 장님)이 나온다. 고목법(瞽目法)에서 보듯이, 쌍행(雙行)은 취할 수 없으나 취기(聚氣)가 바르면 <진술辰戌> 좌(坐)와 <축미丑未> 좌(坐)만은 자리를 정할 수 있다. 이때에도 태양태음(太陽太陰)의 일선(一線)이 있음으로 혈거주택(穴居住宅: 眞穴)이 될 수 있는 것이다.

[원문] 「脈雄穴弱者子孫必亡, 石强土弱者子孫必亡, 辰入卯坐者必亡無餘」

용맥(龍脈)은 웅장하고 혈거주택(穴)이 약하면 자손이 망하고, 석(石)은 강하고 흙이 약소하면 자손이 망하고, <진辰> 입수(入首)에 <묘卯> 좌(坐)는 망하기 마련이다.

⑧ <자오子午>, <묘유卯酉> 좌(坐)에서 발생하는 벙어리와 귀머거리의 「자오묘유아농법子午卯酉啞聾法」

[원문] 「巳一節下乙辰雙行而逢卯脈卯作 則啞聾出, 乙坐則無此害, 寅一節下癸丑雙行, 而逢坎脈坎作, 亦然癸坐無此害, 亥一節下辛戌雙行而逢酉脈酉作 亦然辛坐無此害, 申一節下丁未雙行而逢午脈午作亦然 丁坐無此害.」

벙어리와 귀머거리의 아농(啞聾)은 <자오子午> 좌와 <묘유卯酉> 좌에서 생기는 법이다. <사巳>와 <진辰>, <축해丑亥>와 <술신戌申>과 <미未>는 <건곤간손乾坤艮巽>을 안으며 감추는 것으로 좌우회선(左右旋)을 막론하고 빼놓을 수 없는 존재가 된다. 그래서 이와 같이 우선(右旋)에서 <사巳> 일체 아래 <을진乙辰>이 쌍행하고서 <묘卯> 맥(脈)에 <묘卯> 좌(坐)의 혈거를 정하면 아농(啞聾)의 자손이 생기게 된다. <사巳> 일체 아래 <을진乙辰>의 진행이 아니고 단을(單乙)은 해가 없다. 왜냐하면, 이 <을乙> 좌(坐)는 <손巽> 하(下)에 있는 것이 출살(出殺)의 묘미(妙味)역할을 하기 때문이다. 그리고 <인寅> 일체 하에 <계축癸丑>이 쌍행하고 <감坎> 맥(脈)과 만나 <감坎> 작(作)하면 역시 아농(啞聾)이 나오고, <계癸> 좌(坐) 홀로는 이 해가 없다. 그 다음 <해亥> 일체 하에서 <신술辛戌>이 쌍행하고 <유酉> 맥(脈)하고 <유酉> 작(作)하면 아농이 나오게 된다. <신辛> 좌(坐)를 홀로 쓰면 해가 없다.<신申> 일체 하에서 <정미丁未>가 쌍행하여 <오午> 맥(脈)과 <오午> 작(作)하면 역시 그러하고 ,<정丁> 좌(坐) 단독으로 자리를 잡으면 해가 없는 것이다. 또 <인신寅申>, <기해己亥>는 좌선(左旋)의 주축이 되는데, 우선(右旋)에서 <인신寅申>·<기해己亥>의 회두가 되지 않지만, 만약 회두가 된다면 아래로 늘어지는 것과 달리 일어서듯이 돌출하게 된다.

3. 좌선(左旋)과 우선(右旋)

1) 좌선과 우선

우리는 그 혈거(穴居: 穴)의 유무(有無)나 발응(發應)은 어떻게 알 것인가? 일도(一圖)와 이도(二圖) 그리고 삼도(三圖)에서 이해하도록 하자.

[일도一圖]

일도(一圖)와 같이 시곗바늘이 도는 방향으로 기울면 좌선(左旋)이고, 그와 반대방향으로 기울면 우선(右旋)이 되는 것이다.

[이도二圖]

이도(二圖)는 좌선의 용(龍)이 우선의 용(龍)으로 변하는 것이며, 좌선용(左旋龍)의 후부(後部)에서 등(背)이 나오듯이 보이는 것을 포(飽)라 하고, 우선용(右旋龍)의 후부가 배가 나오듯이 한 것을 역시 포(飽)라고 한다. 좌선용(左旋龍)에는 좌선혈(左旋穴)이나 우선혈(右旋穴)이 되는데 우선용(右旋龍)에도 우선혈이나 좌선혈이 되는 것은 정상이나 때에 따라서는 포(飽)에도 혈(穴)이 있게 되어 <무기戊己>에서 말하는 삼난결[三難決: 배(背), 귀겁(鬼劫), 방낙(旁落)의 진혈(眞穴)을 의심하기도 해 왔다. 대체로 좌선용(左旋龍)에 우선(右旋)의 혈(穴)이 되든가 우선용(右旋龍)에 좌선(左旋)의 혈(穴)이 되었다면 빈천(貧賤)으로 향하는 지리가 되며 부귀인(富貴人)은 그렇지 못하다.

[삼도三圖]

　삼도(三圖)와 같이 좌선용(左旋龍)이 다시 좌선하고서 작혈(作穴)하든가 우선용이 다시 우선하고서 작혈(作穴)하면 이것은 재(再) 변국(變局)으로 대지(大地)의 혈(穴)이 되는 것은 정한 이치인 것이다. 이 재 변국의 대지는 대체로 발응(發應)이 늦어지는 것이다.

　이상으로 좌선(左旋)의 용이나 우선(右旋)의 혈은 우선수(右旋水)가 그 용(龍)을 ‘돌아서 안고(回抱)’, 좌선용(右旋龍)이나 우선혈(右旋穴)은 좌선수(左旋水)가 그 용혈을 회포(回抱)하는 것을 한마디로 <순순에서 역역>, <역역에서 순순>으로 배합(配合)된다는 의미이다.

　‘현상의 모든 산(衆山)’들은 이리저리 굽어져 일어나고 낮아지며 생동하는 형태로 뻗어서 행도(行度)를 낮추고 또는 기운이 없어져 보이면서 뻗어 가고 있기에 산을 용(龍)이라 하며, 여러 조화를 이루어 산명(山名)과 지명(地名)과 곡명(谷名) 그리고 고개들이 있게 되었으며 고개는 대체로 <자子> 방(方), <묘卯> 방(方) <오午> 방(方), <유酉> 방(方)으로 동서남북이며 이로 인해 용맥(龍脈)이 선전(旋轉)하기에 좌선우선(左旋右旋)으로 구분하여 향하면 부귀(富貴)가 쌓여 총애(寵愛)를 입게 됨은 당연한 일이다. 백호(白虎)가 중중(重重)하면 양 손에 금옥을 쥔 것이요, 형세가 차개(車蓋)같으면 좋은 일이 많이 일어나는 것이다. 백호사(白虎砂) 산상(山上)에 원봉(圓峰)이 있으면 의식이 풍족하고 산꼭대기에 삼봉(三峰)이 있으면 세상에 이름 없는 문장(文章)이 난다. 청용(靑龍)이 큰 배와 같으면 부귀가 따르고 백호(白虎)가 노끈을 가로지른 듯 보이면 여자가 목매달아 죽는 일이 생긴다. 백호(白虎)가 굴곡하여 엎어질 듯 보기 싫게 달아나면 자손이 오랫동안 저잣거리에서 구걸하는 삶을 면치 못하는 것이다.

4. 충살(沖殺)

충살이란 혈장 밖에서 충격을 주거나 누르는 살로써 다음의 7가지 살이다. ①
풍살, ② 수살, ③ 파살, ④ 곡살, ⑤ 참암살, ⑥ 능격살, ⑦ 시산살 등이 있다. 이
것을 열거해 보면 다음과 같다.

1) 풍살(風殺)

풍살이란 바람에 의한 흉살(凶殺)로서 혈지(穴地)의 주변이 공허하거나 골짜기가
패여서 매서운 바람이 혈지의 당판을 직사충혈(直射沖穴)하는 것이다. 특히 <건해
乾亥> 풍(風)과 <간인艮寅> 풍(風)은 매우 무서운 바람으로 혈장을 직사충혈하면
사람이 미치거나 관재(官災) 또는 패망(敗亡)하게 된다.

2) 수살(水殺)

수살은 곧은 물줄기가 혈장을 쏘는 듯이 충격을 주는 살로서 원진수와 함께 자
손에게 극히 해로운 살이다.

3) 파살(破殺)

파살은 혈지의 파열에 의한 흉살로서 혈장의 주변이 푹 꺼져서 모진 바람과 물
에 의해 파혈도괴된 땅이다. 파살(破殺)이 가까이서 압살하면 가정에 우환(憂患)과
산재가 따르게 된다.

4) 곡살(谷殺)

곡살(谷殺)은 곧고 예리하여 험한 계곡이 혈장을 향해 직사충격하는 살로서 원근
과 방향에 따라서 그 피해가 발생하는 양상이 아주 다르다.

5) 참암살(巉巖殺)

　참암살(巉巖殺)은 뿌리박힌 크고 험한 바위의 흉석(凶石)이 용(龍)을 누르거나 혈장을 눌러서 극히 흉한 살이 되는 것을 말한다. 참암살이 혈장을 누르면 사람과 재물의 실패가 따른다. 특히 입수에서 누르면 자손이 끊어진다.

6) 능격살(稜擊殺)

　능격살(稜擊殺)은 곧고 예리하게 생긴 산줄기가 혈장을 향해서 쏘는 듯 찌르는 듯 하는 흉한 살로서 왼쪽으로 쏘면 장손이 망하고, 오른쪽으로 쏘면 차손이 망하는 무서운 살이다.

7) 시산살(屍山殺)

　시산살(屍山殺)은 혈장 극처에 시체가 누운 듯한 몰골의 언덕으로 장군 형국이나 금오탁시 형국은 발복하지만 기타의 형국에서는 전사자(戰死者)나 객사자(客死者)가 나온다.

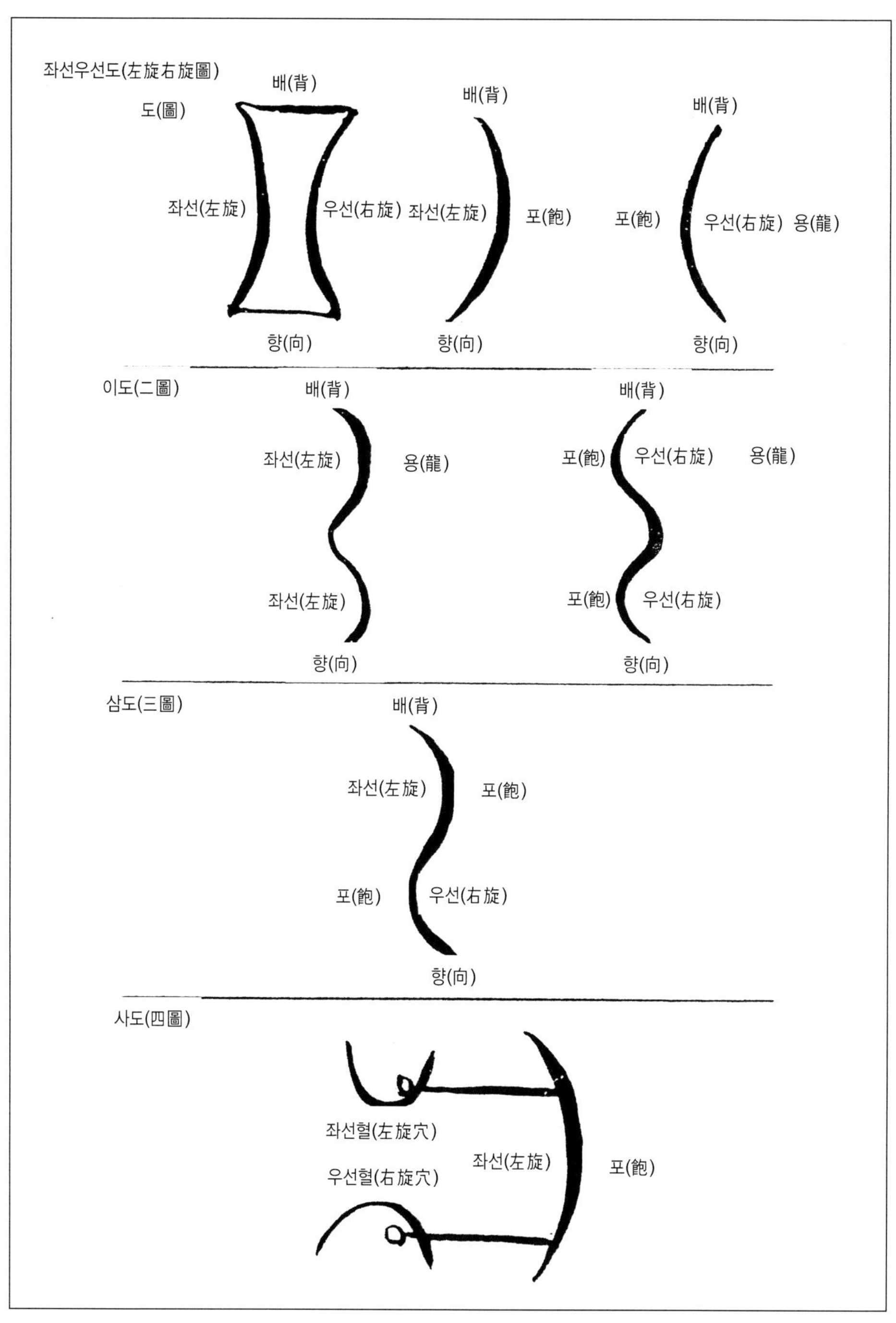

혈거(穴居)의 유무(有無)와 그 발응도(發應圖)

Ⅲ

물(水)과 용(龍) 그리고 길흉(吉凶)

Ⅲ. 물(水)과 용(龍) 그리고 길흉(吉凶)

수세 좋기로 이름난 안동하회마을

1. 물의 형세(形勢)에서 오는 길흉

풍수지리(風水地理)에서 물보다 더 중요한 것은 없다. 혈지(穴地)의 진결은 산수(山水)의 외적배합(外的配合)과 내적합기(內的合氣)로 이뤄진다. 산은 음(陰)이요, 물은 양(陽)이어서 음양(陰陽)의 배합(配合)은 산수(山水)로서 결정하는 것이므로 물의 배합작용이 없이는 용혈(龍穴)의 진결(眞訣)을 생각할 수 없는 실정이다.

1) 물의 세력(勢力)에서 오는 길조(吉兆)

물은 명당(明堂) 혈(穴)을 향하여 구불구불하고 느릿느릿하게 와야 좋은 것이다. 용혈(龍穴)을 가로지르는 물은 깊고 맑으며 용혈을 감싸 안은 듯 휘돌아 흘러가야 길(吉)하다. 명당수(明堂水)가 바깥으로 빠져나갈 때는 급류하거나 바로 앞으로 빠져나가서는 안 되며, 머뭇거리는 듯 보이지 않는 곳으로 조용히 나가야 좋다. 호수나 저수지처럼 고인 물은 깨끗하고 깊게 넘쳐 흘러야 좋으며, 용혈(龍穴) 앞을 빠져나가는 물은 빙빙 돌아서 조용히 나가야 길조(吉兆)가 일어난다.

2) 물의 세력(勢力)에서 오는 흉조(凶兆)

물이 용혈(龍穴)을 향하여 곧바로 쏘는 듯이 들어오면 흉(凶)하고 물이 사방으로 빠져나가거나 명당수(明堂水)가 한쪽으로 급하게 쏟아지는 것도 흉(凶)하다. 또 물이 소리를 내며 흐르거나 얕고 급한 여울물이 급류하는 것도 흉하며 물이 흐리며 더럽고 악취가 나거나 배역으로 흐르면 더욱 흉(凶)하다.

2. 물의 세 가지 기본형세

1) 용이 물을 얻음(得水)

"득수(得水)"란 용(龍)이 물을 얻음을 말한다. 용(龍)이 물을 얻지 못하면 등천(登天)하지 못하는 것과 같이 산용(山龍)도 물을 얻어야 좋다. 들어오는 물은 구불구불 천천히 와야 좋고 성난 물줄기가 직사(直射)하거나 소리를 내어 흐르는 것은 좋지 않다. "물은 길방(吉方)으로 와서 흉방(凶方)으로 빠지는 것이 좋다"라는 것은 득수득파(得水得波)에 해당되는 말이다.

2) 고여 있는 물(聚水)

"취수(聚水)"는 고여 있는 물을 말한다. 명당혈전(明堂穴殿)의 호수나 저수지에 있어 항상 맑은 물이 가득 차 있게 되면 득재치부(得財致富)한다. 단 여기에서 말하는 취수는 수법(水法) 상 득파방위가 제대로 맞는 취수(聚水)를 말하려는 것이다.

3) 용혈(龍穴) 아래로 가는 물(去水)

"거수(去水)"는 용혈 아래로 직접 가는 물이다. 명당 안으로 모인 물이 합수(合水)하지 않고 곧게 빠져나가는 것은 대흉(大凶)한 것이다. 이 경우는 진혈(眞穴)이 될 수 없고 물 또한 원진수(元辰水)가 되어 흉한 것이다. 일반적으로 위에서 이 세 가지를 들고 있지만 물의 형세는 정말 다양하다. 이것을 좀 더 깊이 고려해 보자.

오성(五星)이라고 하는 것이 <금金·목木·수水·화火·토土>이다. 만궁(彎弓)은 금성(金星)이 되고, 직충(直沖)되면 목성(木星)이 된다. 굴곡(屈曲)하면 수성(水星)이고 분입(分入)하면 화성(火星)이 되니 방원(方圓)하면 토성(土星)이다. 산 계곡은 고쇄(固鎖)하면서 합금교쇄(合琴交鎖)하니 평양(平洋)에 직충(直沖)이라 평양에 지현수(之玄水)는 직(直)이요, 모든 물의 명당취수(明堂聚水)를 결(結)이라 한다. 물이 내조(來朝)하면 재물이 불어나고, 물이 혈(穴)을 에워싸면 기(氣)가 온전하고, 물이 명당(明堂)에 모여들면 복(福)이 두텁게 된다. 물이 현무(玄武)에 읽혀들면 자손의 영화(榮華)와 높은 지위(地位)가 영원하다. 산이 "왕성하게 푸르면(生旺)" 물이 왕성하니 적은 시내가 지현(之玄)으로 오면 살아 숨 쉬는 생기(生氣)있는 물이요, 큰 강이 평평히 차면 왕성한 물이라고 할 수 있다. 물이 깊으면 복(福)이 많고 물이 얕으면 복(福) 또한 많지 않다. 산이 곧으면 물은 곧게 흐르고, 산이 굽으면 물 또한 굽이굽이 흘러간다. 그리고 수세(水勢)에서 왕성함과 왕성하지 않음에서 말하여 만약 산비수주(山飛水走)한다면 대대로 멸족(滅族)하고 집안에 망(亡)함이 오지 않겠는가? "산이 막히고 물이 다하면 대종이 뒤집히고 대대로 제사도 끊어지지 않는가?(山窮水盡覆宗絶祀) 천만리를 가도 변신역세(變身逆勢)한다면 역수길국(逆水吉局)이 오는 것이다. 물의 흐르는 입구가 단단히 잠겨 있으면 물을 따라 흘러 복(福)이 피어나고, 수구(水口)가 산란하면 역수(逆水)하여 마침내 쇠퇴하게 되고 삼문(三門)은 넓을수록 좋지만 수구(水口)에서 산란하여도 문호(門戶)는 좁을수록 좋다. 우리는 이러한 수세(水勢)의 물형(物形)을 철학적인 지혜로 명각(明覺)해야만 "세상을 다스릴 줄(製作)" 아는 것이다.

3. 용(龍)과 물(水)의 배합관계 이해

용(龍)과 물(水)의 관계는 용(龍)과 물이 방위상의 합국(合局)되는 배합 그림에서 그 이해의 결실을 맺으려고 한다. 그 차례는 각 국별로 나누어 이해하고자 한다. ① 화국(火局)의 을용(乙龍)과 ② 수국(水局)의 신용(辛龍), ③ 금국(金局)의 정용(丁龍)과 ④ 목국(木局)의 계룡(癸龍) 그리고 ⑤ 기타 자왕향(自旺向)의 각 국별로 사용 가능한 좌향(坐向)을 구체적으로 도식하여 물의 흐름을 쉽게 이해하고자 한다.

1) 화국(火局)에서 을(乙) 자리의 용과 물의 배합도(火局乙龍)

이 용별 4대국의 12개 향(向)은 중국 양공(陽公)의 구빈수법(救貧水法)에 의하여 설명하고자 한다. <인오술寅午戌>·<간병신艮丙辛>의 삼합(三合)은 화국(火局)에 속하므로 12포태법의 바깥은 병(丙)의 장생(長生)인 <간인艮寅>에서 시작하여 시계방향으로 돌아가는 물의 장생법(長生法)을 볼 수 있다. 안쪽의 용(龍)은 <을乙>의 장생(長生)인 <오午>에서 시작하여 시계반대방향으로 역행(逆行)하는 것을 보는 것이다. 이에 대한 도표는 다음과 같다.

❖ 바깥선: 물(水), 안선: 용(龍)

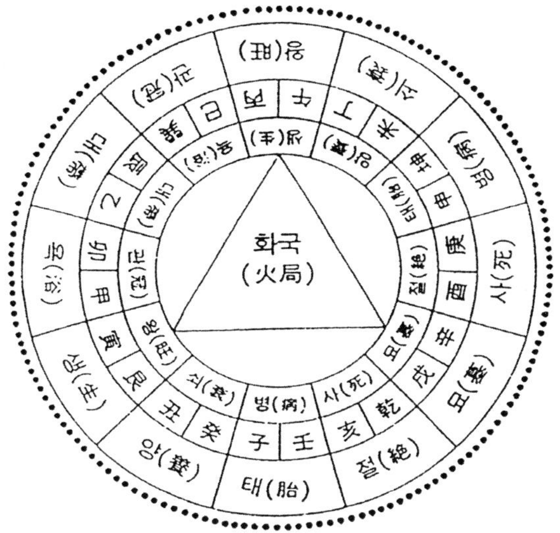

화국 ❶ [곤좌간향](坤坐艮向)과 [신좌인향](申坐寅向)

물이 왕(旺) 방에서 들어와 생(生) 방으로 돌아 묘(墓) 방으로 빠져나간다. 이것은 "세 개가 합[合:旺·生·墓]하여 구슬과 같이 연속된다"는 삼합연주(三合連珠)라는 귀한 품격(品格)으로 부귀(富貴)하게 되고 자손(子孫)이 번창하게 된다는 좋은 향(向)이다.

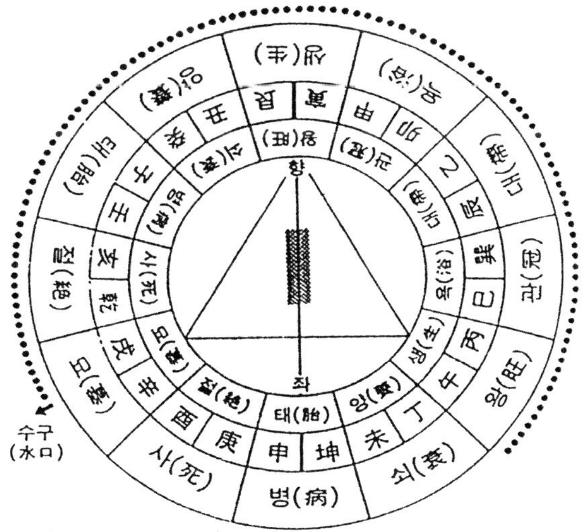

화국 ❷ [임좌병향](壬坐丙向)과 [자좌오향](子坐午向)

물이 생(生) 방에서 들어와 왕(旺) 방으로 돌아 묘(墓) 방으로 빠져나간다. 이것은 정왕향(正旺向)으로 이는 부귀(富貴)를 누리고 자손이 창성하는 길향(吉向)이다. 이 자좌오향(子坐午向)은 수구(水口)가 <정미丁未>로 돌아 <신술辛戌>까지 간다. 예컨 대, 이 좌향은 경북 안동군 풍천면 갈전3리 경북도청 이전 예정지의 산세가 <자좌 오향子坐午向)이다.

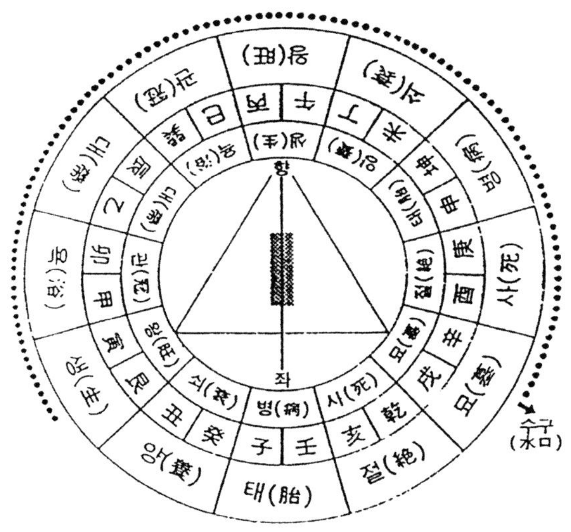

화국 ❸ [을좌신향](乙坐辛向)과 [진좌술향](辰坐戌向)

물이 관(冠) 방과 생(生) 방에서 들어와 절(絶) 방에서 만나 <건해乾亥> 방으로 나간다. 정묘향(正墓向)으로 삼합(三合)의 배합이 맞으므로 길향(吉向)에 속한다.

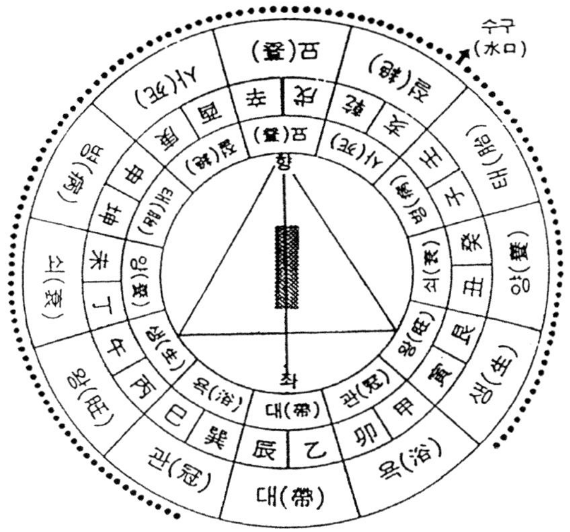

화국 ❹ [정좌계향](丁坐癸向)과 [미좌축향](未坐丑向)

물이 왕(旺) 방과 묘(墓) 방에서 와 <건해乾亥> 방에서 만나는 정양향(正養向)이다. 건해(乾亥)의 절(絶) 방으로 빠져 나감으로 이를 귀인록마(貴人鹿馬)가 어가(御駕)로 오르는 향(向)이라고 부른다.

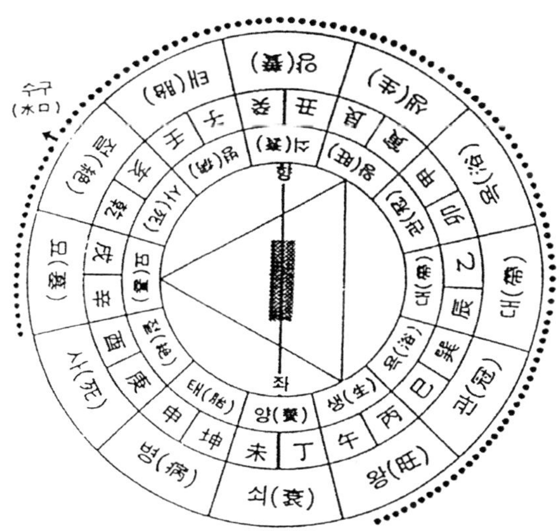

화국 ❺ [손좌건향](巽坐乾向)과 [사좌해향](巳坐亥向)

대(大) 방의 오른쪽 물이 좌(左)로 흘러 본국의 묘고(墓庫)인 <신술辛戌>을 빌려 나가니 귀격(貴格)인 자생(自生)의 장생향(長生向)이 된다.

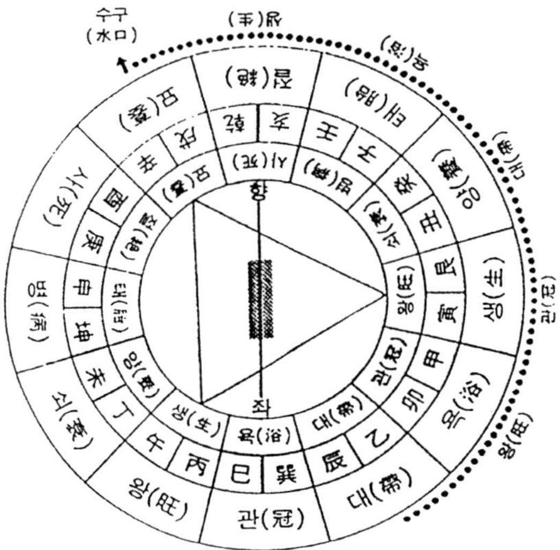

화국 ❻ [갑좌경방](甲坐庚方)과 [묘좌유향](卯坐酉向)

관(冠) 방의 왼쪽 물이 우(右)로 흘러 묘(墓) 방으로 나간다. <경유庚酉>의 사(死)가 변하여 왕(王)이 되니 귀격(貴格)인 자왕향(自旺向)이 된다.

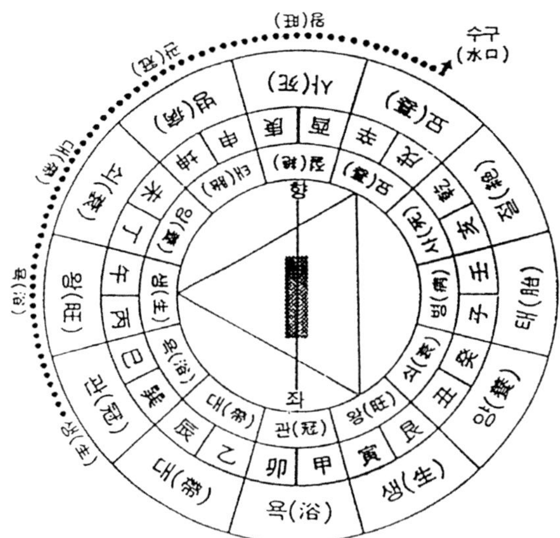

2) 수국(水局)에서 신(辛) 자리의 용과 물의 배합도(水局辛龍)

수국신용(水局辛龍)은 <신·자·진(申子辰)>과 <곤·임·을(坤壬乙)>의 삼합수국(三合水局)으로서 용(龍)과 물의 배합을 나타낸다.

- ❖ 바깥선인 <임壬> 수(水)의 장생(長生)이 <곤신坤申>에 있으므로 시계방향으로 순행하면서 물의 12포태법을 나타낸다.
- ❖ 안쪽 <신辛> 금(金)의 장생(長生)은 <임자壬子>에 있으므로 반시계방향으로 역행하면서 용(龍)의 12포태법(胞胎法)을 표시한다. 안과 밖의 12포태법 중 묘(墓)는 같고 생(生)과 왕(旺)은 서로 다르다. 아래의 6개 방위는 양공(楊公)의 구빈수법(救貧水法)에는 합당하다. 이 수국신용은 용혈(龍穴)의 품격에 따라 부귀(富貴)의 차등은 있으나 길(吉)하다.

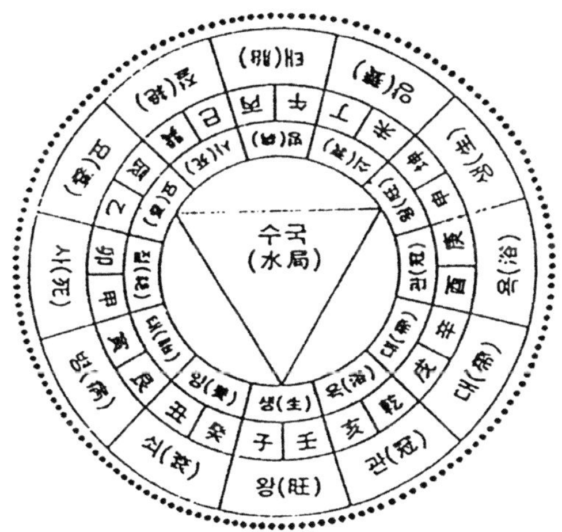

수국 ❶ [간좌곤향](艮坐坤向)과 [인좌신향](寅坐申向)

왕(旺) 방의 우수(右水)가 흘러 <을진乙辰>, 정고(正庫)로 나가면 왕(旺) 방에서 오고 생(生) 방에서 맞는 정생향(正生向)이 된다.

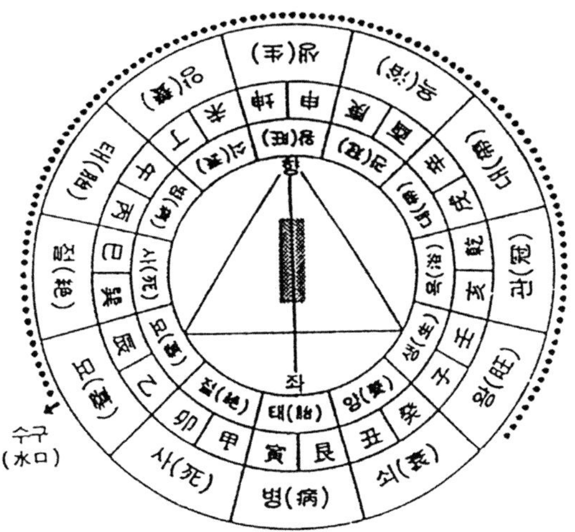

수국 ❷ [병좌임향](丙坐壬向)과 [오좌자향](午坐子向)

생(生) 방의 왼쪽 물이 오른쪽으로 흘러 <을진乙辰> 묘고(墓庫)로 돌아가면 정왕향(正旺向)이 된다.

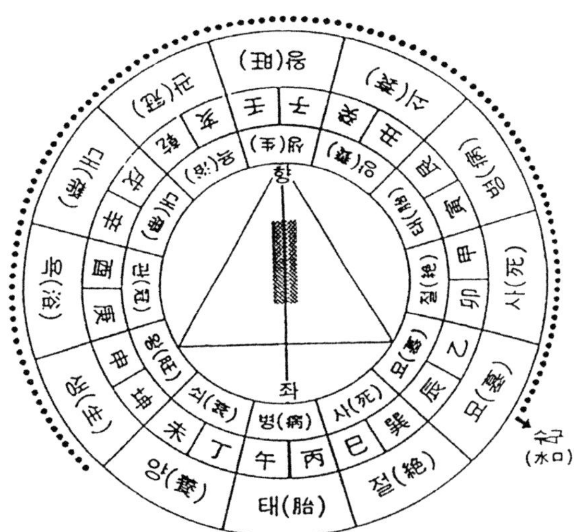

수국 ❸ [신좌을향](辛坐乙向)과 [술좌진향](戌坐辰向)

생(生) 방과 관(冠) 방의 두 쪽물이 합하여 절(絶) 방으로 나가면 정묘향(正墓向)이 된다.

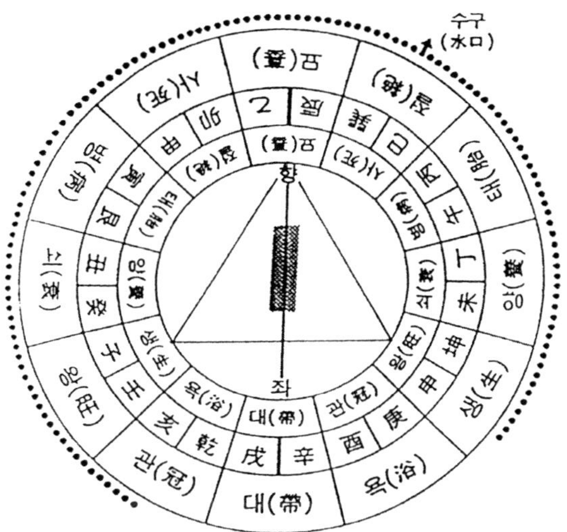

수국 ❹ [계좌정향](癸坐丁向)과 [축좌미향](丑坐未向)

<임자壬子> 방의 왕수(旺水)가 좌로 흘러 절(絶) 방으로 나가면 귀인록마(貴人鹿馬)가 어가(御駕)에 오른다는 정양향(正養向)이 된다.

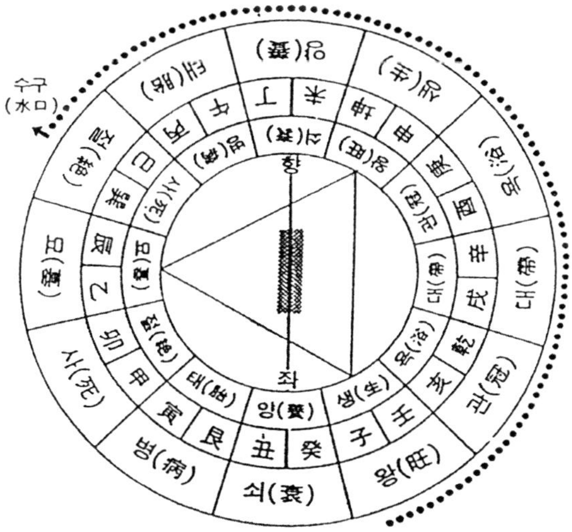

수국 ❺ 건좌손향(乾坐巽向)**과 해좌사향**(亥坐巳向)

　욕(浴) 방 오른쪽 물이 왼쪽으로 흘러 <을진乙辰> 방의 묘고(墓庫)를 빌려서 나
감으로 자생향(自生向)이 된다.

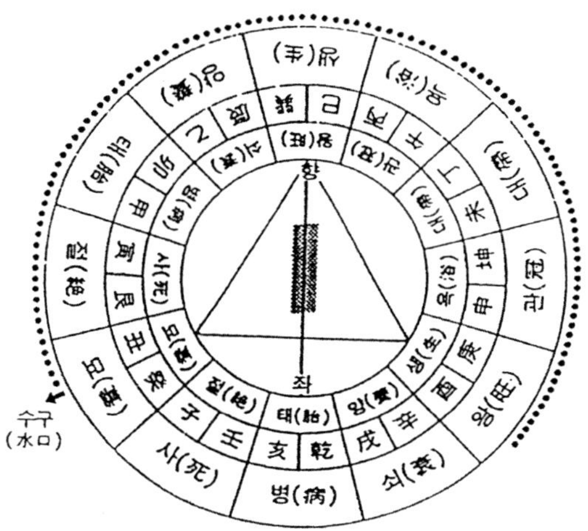

수국 ❻ 〔경좌갑향〕(庚坐甲向)**과 〔유좌묘향〕**(酉坐卯向)

　관대(冠帶) 방의 왼쪽 물이 <갑묘甲卯>방의 제왕(帝王) 향(向)을 돌아 묘고(墓庫)인
<을진乙辰> 방을 빌려서 오른쪽으로 돌아가니 자왕향(自旺向)이 된다.

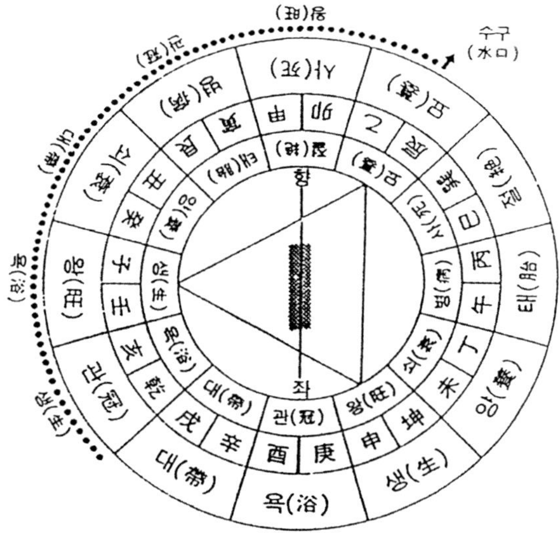

3) 금국(金局)에서 정(丁) 자리의 용과 물의 배합도(金局丁龍)

금국정용(金局丁龍)은 지지(地支)의 <사巳·유酉·축丑>과 천간(天干) <손巽·경庚·계癸>의 삼합(三合)인 금국(金局)을 이루는 것들을 말한다.

❖ 바깥 경금(庚金)의 장생(長生)은 <손사巽巳>에 있고 시계방향으로 순행하면서 물의 12포태법(胞胎法)을 관장한다.

❖ 안쪽 정화의 장생(長生)은 <경유庚酉>에 있고 반시계방향으로 역행(逆行)하면서 용(龍)의 12포태법을 관장한다. 묘(墓)는 용(龍)과 물의 방위가 같고 생(生)과 왕(旺)의 자리는 용(龍)과 물이 바뀌어 있다. 아래의 6개 좌(坐)만 합국(合局)이고 다른 향(向)은 적절하지 않다.

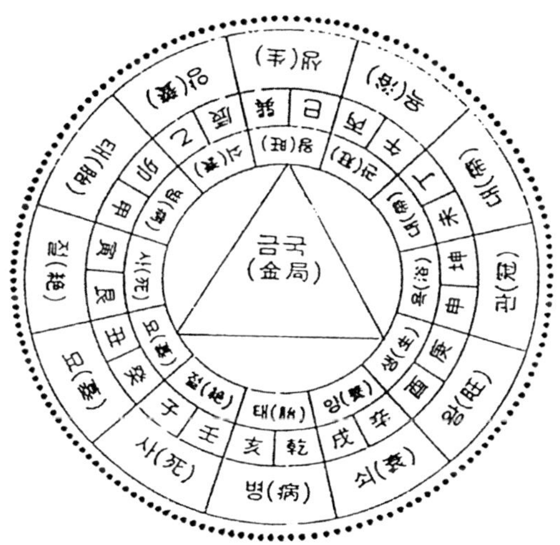

금국 ❶ [건좌손향](乾坐巽向)과 [해좌사향](亥坐巳向)

　왕(旺) 방인 오른쪽 물로 왼쪽으로 흘러 돌아 생(生)방인 향(向)앞을 지나 정고(正庫)인 묘(墓)방으로 나간다. 그러므로 정생향(正生向)이 된다.

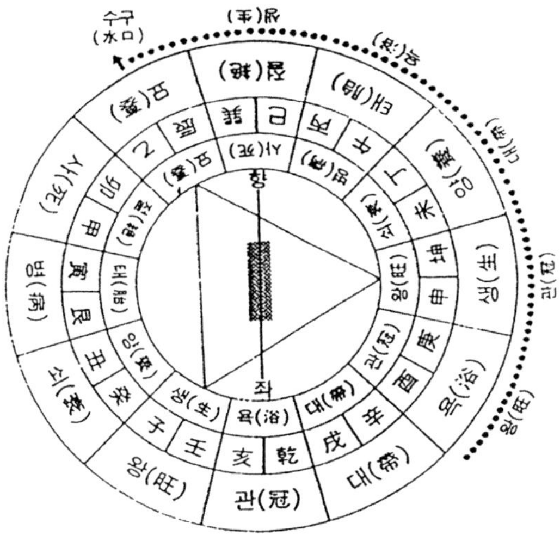

금국 ❷ [갑좌경향](甲坐庚向)과 [묘좌유향](卯坐酉向)

　생(生) 방의 좌수가 오른쪽으로 흘러 왕(旺)방인 향 앞으로 돌아서 <계축癸丑>　묘(墓) 방으로 나감으로 귀격(貴格)인 정왕(正旺) 방이 된다.

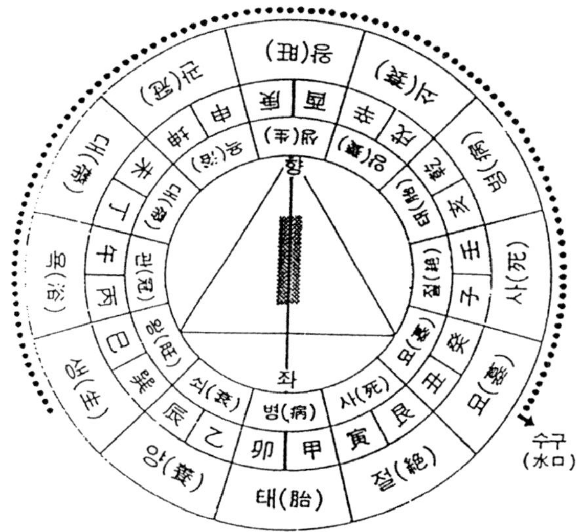

금국 ❸ [정좌계향](丁坐癸向)과 [미좌축향](未坐丑向)

생(生) 방과 관(冠) 방의 양쪽 물이 함께 만나 <간인艮寅> 절(絶) 방으로 나가면 귀격(吉格)인 정묘(正墓) 방이 된다.

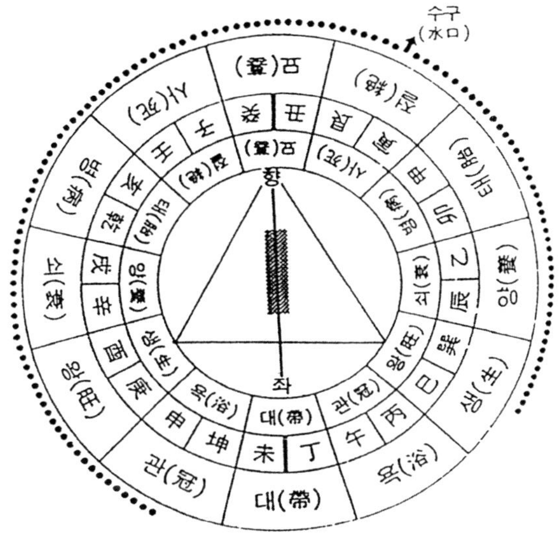

금국 ❹ [신좌을향](辛坐乙向)과 [술좌진향](戌坐辰向)

왕(旺) 방의 오른쪽 물이 좌(左)로 흘러 향(向) 앞을 지나 <간인艮寅> 방의 절지(絶地)로 나가면 귀인록마(貴人鹿馬)가 어가(御駕)에 오른다는 정양(正養) 향(向)이 된다.

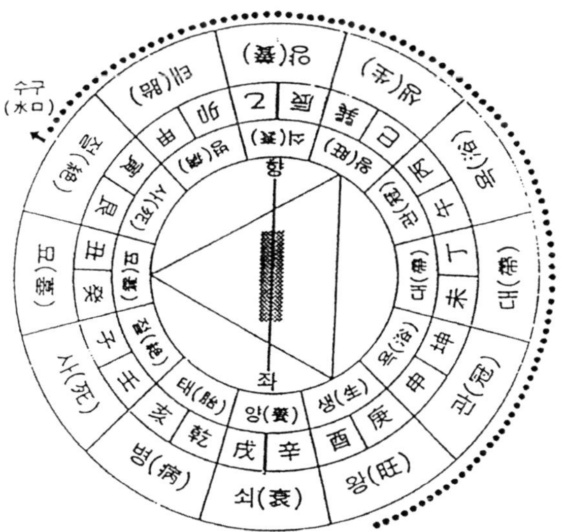

금국 ❺ [곤좌간향](坤坐艮向)과 [신좌인향](申坐寅向)

욕(浴) 방의 오른쪽 물이 좌로 흘러 <계축癸丑>의 금국(金局)을 빌려서 <묘墓> 방으로 나가니 자생향(自生向)이 된다.

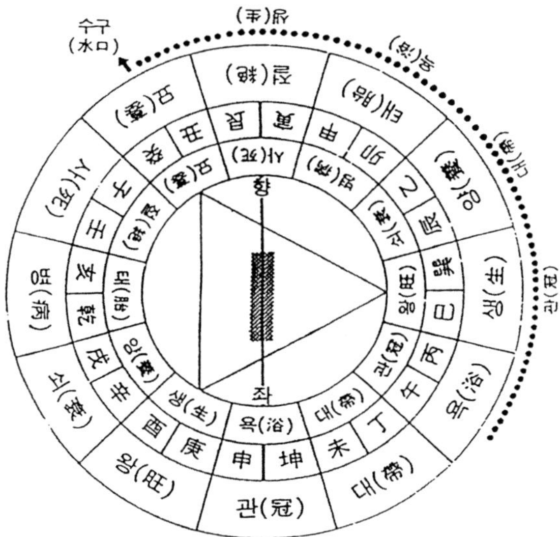

금국 ❻ [병좌임향](丙坐壬向)과 [오좌자향](午坐子向)

관대(冠帶) 방의 왼쪽 물이 <계축癸丑> 묘고(墓庫)를 빌려 나가니 자왕향(自旺向) 이 된다.

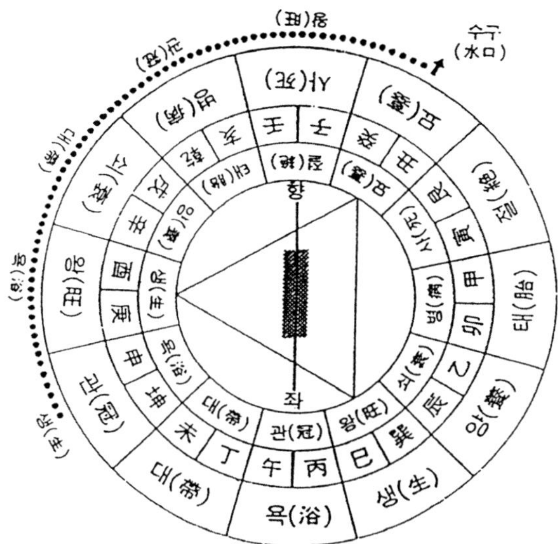

4) 목국(木局)에서 계(癸) 자리의 용과 물의 배합도(木局癸龍)

목국(木局)은 <해·묘·미(亥卯未)>, <건·갑·정(乾甲丁)>의 삼합국(三合局)이다.

❖ 바깥 갑목(甲木)의 장생(長生)은 <건해乾亥>에 있으므로 시계방향으로 순행하여 물의 12포태법을 본다.

❖ 안쪽 계수(癸水)의 장생(長生)은 <갑묘甲卯>에 있으므로 반시계방향으로 역행(逆行)하여 용(龍)의 12포태법을 본다.

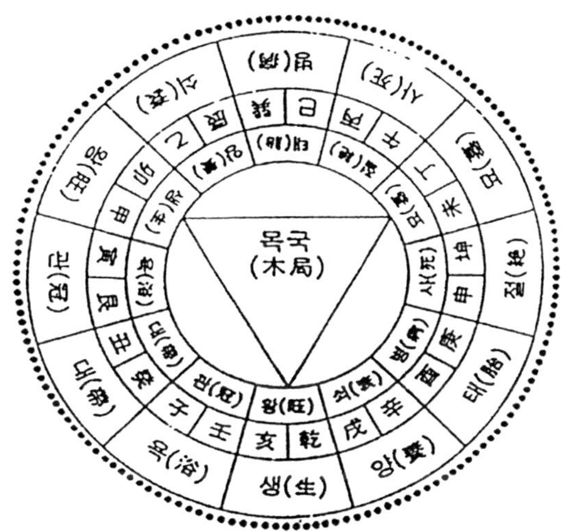

목국 ❶ [손좌건향](巽坐乾向)과 [사좌해향](巳坐亥向)

왕(旺) 방의 오른쪽 물이 좌(左)로 흘러 생(生) 방을 지나 <정미丁未> 묘고(墓庫)로 나간다. 그러므로 귀격(貴格)으로 정생향(正生向)이 된다.

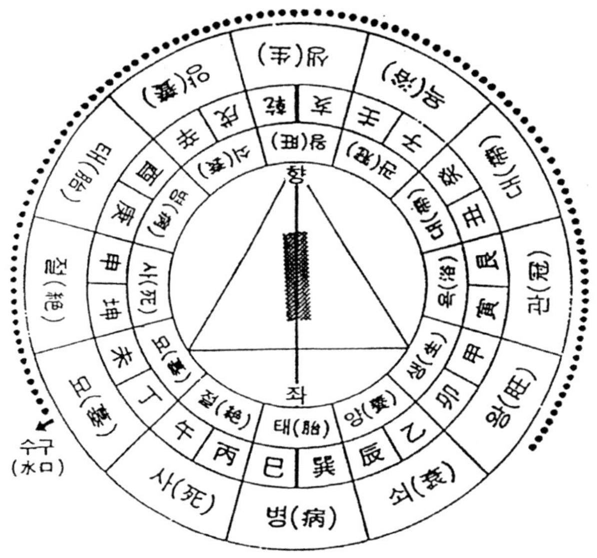

목국 ❷ [경좌갑향](庚坐甲向)과 [유좌묘향](酉坐卯向)

 생(生) 방의 왼쪽 물이 우(右)로 흘러 향(向)을 돌아 묘고(墓庫)인 <정미丁未> 방
으로 나가니 정왕향(正旺向)이 된다.

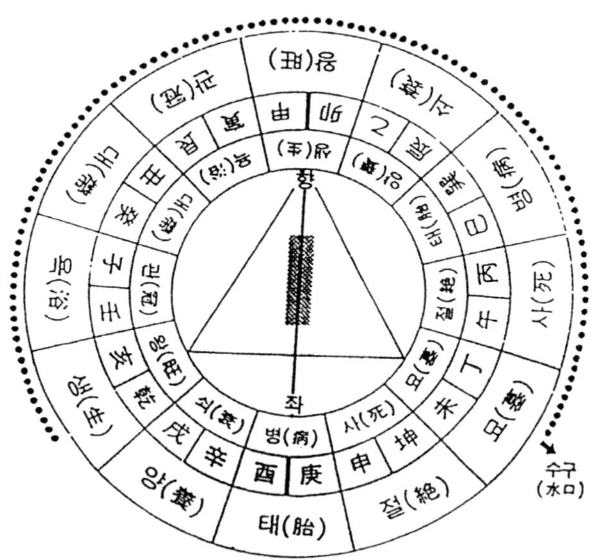

목국 ❸ 계좌정향(癸坐丁向)**과 축좌미향**(丑坐未向)

왕(旺) 방 생(生) 방의 양수(兩水)가 합쳐 묘고(墓庫)를 지나 <곤신·절(坤申絕)> 방으로 나가므로 정묘향(正墓向)이 된다.

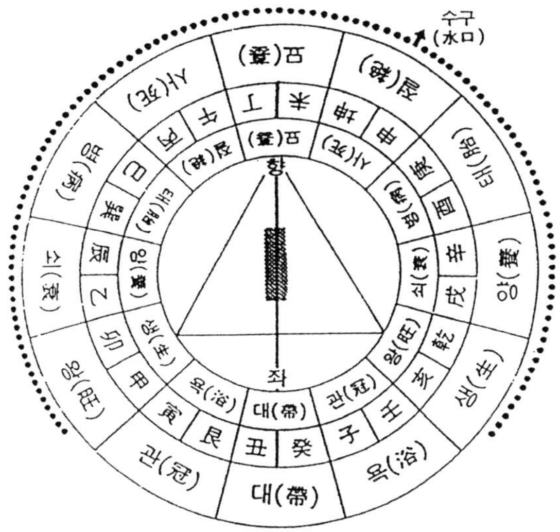

목국 ❹ [을좌신향](乙坐辛向)**과 [진좌술향]**(辰坐戌向)

왕(旺) 방의 오른쪽 물이 좌로 흘러 향(向) 앞을 지나 <곤신절(坤申絕)> 방으로 나가니 귀인록마(貴人鹿馬)가 어가(御駕)에 오른다는 정양향(正養向)이 되는 것이다.

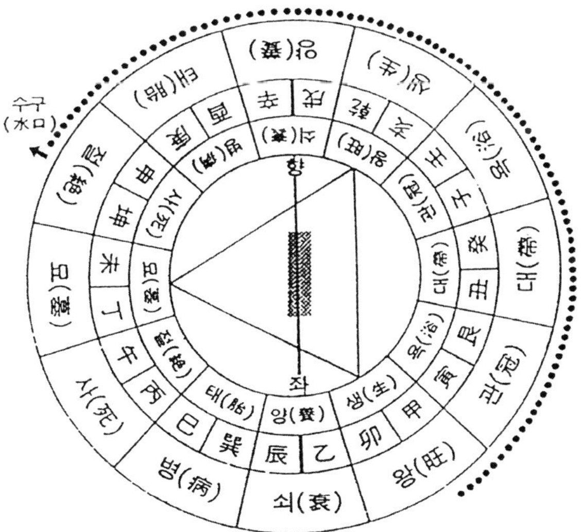

목국 ❺ [간좌곤향](艮坐坤向)과 [인좌신향](寅坐申向)

욕(浴) 방의 오른쪽 물이 좌로 흘러 <정미丁未> 묘방으로 나가므로 묘고(墓庫)를
빌려 나가는 귀격(貴格)의 자생향(自生向)이 된다.

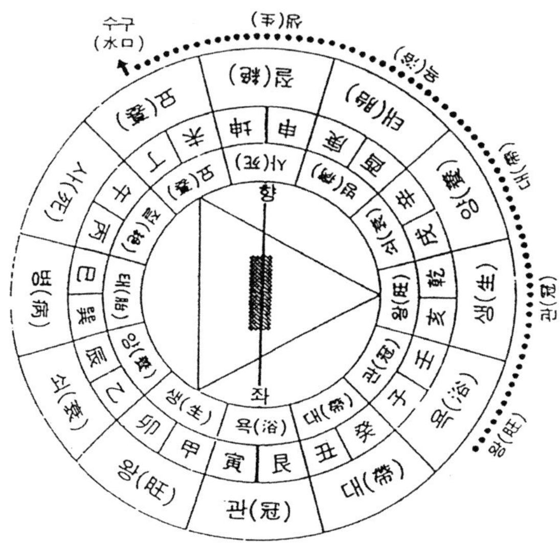

목국 ❻ 임좌병향(壬坐丙向)과 자좌오향(子坐午向)

관(冠) 방의 왼쪽 물이 우(右)로 흘러 <정미丁未> 목국(木局)의 정고인 묘(墓) 방
을 빌려 나가는 자왕향(自旺向)이 된다.

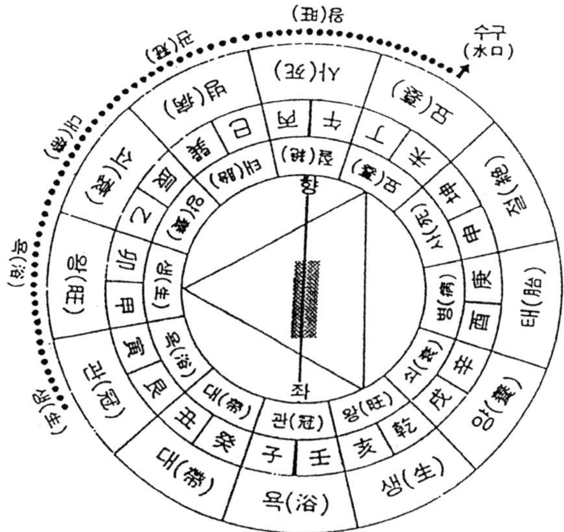

5) 기타 스스로 왕성해 오는 방향(自旺向)

(1) 금국자왕향(金局自旺向)으로 임자병향(壬坐丙向)과 자좌오향(子坐午向)이 있다. 이
　　는 자생 목욕(沐浴) 방으로 물이 나가는 것이다.
　　① <경유庚酉> 향(向)으로 정하여 물이 병(丙) 방으로 나간다.
　　② <임자壬子> 향으로 정하여 경(庚) 방으로 물이 나간다.
　　③ <갑묘甲卯> 향으로 정하여 임(壬) 방으로 물이 나가는 것이 있으나 이는 극
　　　히 위험한 것으로 잘못 입향(立向)하거나 용(龍)과 혈(穴)이 옳지 않으면 패절
　　　(敗絶)하게 된다.

(2) 수국자왕향(水局自旺向)으로 건좌손향(乾坐巽向)과 해좌사향(亥坐巳向)이 있다. 이
　　는 자생목욕 방으로 물이 나가는 것이다.
　　① <곤신坤申> 향으로 정하여 물이 경(庚) 방으로 나간다.
　　② <건해乾亥> 향으로 정하여 물이 임(壬) 방으로 나간다.
　　③ <간인艮寅> 향으로 정하여 물이 갑(甲) 방으로 나간다. 이것 역시 잘못 입향
　　　(入向)하거나 용혈이 옳지 못하면 패절(敗絶)한다.

(3) 화국쇠향(火局衰向)으로 계좌정향(癸坐丁向)과 축좌미향(丑坐未向)이 있다. 어느 향
　　(向)앞 정(正) 방으로 물이 흘러 임자태(壬子胎) 방으로 나간다.
　　① <신술辛戌> 향으로 정하여 <신辛> 수(水)가 갑(甲) 방으로 나간다.
　　② <계축癸丑> 향으로 정하여 <계癸> 수(水)가 병(丙) 방으로 나간다.
　　③ <을진乙辰> 향으로 정하여 <을乙> 수(水)가 경(庚) 방으로 나가는 것으로서
　　　잘못하여 지지를 범하거나 용과 혈이 옳지 않으면 패절한다.

(4) 금국생향(金局生向)이 당면 출수로 간좌곤향(艮坐坤向)과 신좌인향(申坐寅向)이 있
　　다. 이는 반드시 천간(天干)자로 흘러야 한다.
　　① <손사巽巳> 향으로 정하여 물이 손(巽) 방으로 나간다.
　　② <곤신坤申> 향으로 정하여 물이 곤(坤) 방으로 나간다.
　　③ <건해乾亥> 향으로 정하여 물이 건(乾) 방으로 나가야 한다. 우수(右水)가 좌

(左)로 흘러야 하며 좌수(左水)가 우(右)로 오면 아니 된다.

(5) 금국태향(金局胎向)의 태방출수로 경좌갑향(庚坐甲向)과 유좌묘향(酉坐卯向)이 있다. 우수(右水)가 좌(左)로 흘러 앞인 갑(甲) 방으로 나간다.

① <경유庚酉> 향으로 정하여 물이 경(庚) 방으로 나간다.

② <임자壬子> 향으로 정하여 물이 임(壬) 방으로 나간다.

③ <병오丙午> 향으로 정하여 물이 병(丙) 방으로 나간다. 만일 지지(地支)를 범하거나 용혈(龍穴)이 잘못되면 패절하게 되므로 신중을 기해야 한다.

4. 자리의 방향(坐向)과 수구(水口)에서 오는 길흉

물길은 혈처를 중심으로 길한 방위에서 들어와서 흉한 방위로 나가야 좋다고 서두에서 언급한 적이 있다. 그러하다면 어느 방향이 길한 방향이고 어느 방향이 흉한 방향일까? 이는 좌향 별 12포태법에 따른 길흉판단을 두고 하는 말이다. 우리는 중국이나 우리나라에서 수천 년간의 검증을 거친 양공(楊公)의 구빈수법(救貧水法)에 따라 좌향(坐向) 별 수구의 길흉화복을 논하고자 한다. 여기에서 논하고자 하는 수법은 명당(明堂)의 진혈(眞穴)을 바탕으로 하는 파구(破口)의 길흉화복을 잊어서는 안 될 것이다.

나침반은 원을 24개 방위로 배속하고 있으나 쌍산오행(雙山五行)에 의하여 천간(天干)과 지지(地支)로 둘씩 짝지어서 12개로 묶은 다음 12포태법에 배속시키고 4대 국별로 입향(立向)할 수 있는 6개의 방위와 안 되는 6개 방위를 구분하고 있으며 이는 각 국별로 다시 기본수구인 ① <사巳>·<유酉>·<축丑>의 금국(金局)으로 있는 <계축癸丑> 수구 ② <신申>·<자子>·<진辰>의 수국(水局)으로 있는 <을진乙辰> 수구 ③ <해亥>·<묘卯>·<미未>의 목국(木局)으로 있는 <정미丁未> 수구 ④ <인寅>·<오午>·<술戌>의 화국(火局)으로서의 <신술辛戌> 수구로서 그 정고와, 정고를 빌리거나 출수(出水)를 기준으로 입향할 수 있는 정생향(正生向)·정왕향

(正旺向)·정양향(正養向)·정묘향(正墓向)·자왕향(自旺向)·자생향(自生向) 등이 있는데, 이는 모두 4대국 묘고(墓庫)로 귀착되는 것들이다. 이는 수법(水法)과 향(向)이 서로 맞아 생기를 얻을 수 있는 것이어서 그야말로 크게 복(福)을 이끌어내는 것이다.

1) 물이 바르고 생기를 갖는 방향(正生向)

① 곤좌간향(坤坐艮向)과 신좌인향(申坐寅向)에 <신술辛戌> 수구와 ② 건좌손향(乾坐巽向)과 해좌사향(亥坐巳向)에 <계축癸丑> 수구이다. ③ 간좌곤향(艮坐坤向)과 인좌신향(寅坐申向)에 <을진乙辰> 수구와 ④ 손좌건향(巽坐乾向)과 사좌해향(巳坐亥向)에 <정미丁未> 수구이다. 이는 좌선(左旋) 용(龍)에 우(右)로 도는 물은 이치에 합당한 법이고, 진혈(眞穴)일 경우 부귀(富貴)를 모두 갖추고 처와 자손이 현명하여 오복(五福)을 누린다. 그러나 반대로 물의 흐름이 우선(右旋) 용(龍)에서 좌(左)로 도는 경우는 패망하기 마련이다.

2) 물이 바르게 왕성해 가는 방향(正旺向)

① 임좌병향(壬坐丙向)과 자좌오향(子坐午向)에 <신술辛戌> 수구와 ② 갑좌경향(甲坐庚向)과 묘좌유향(卯坐酉向)에 <계축癸丑> 수구이다. ③ 병좌임향(丙坐壬向)과 오좌자향(午坐子向)에 <을진乙辰> 수구와 ④ 경좌갑향(庚坐甲向)과 유좌묘향(酉坐卯向)에 <정미丁未> 수구이다. 정왕향은 우선용(右旋龍)에 좌선(左旋) 수(水)가 합법이다. 진혈일 경우는 필히 삼합 연주의 길격(吉格)으로 부귀영달하고 자손총명하며 인정이 넘치게 된다. 그러나 우수(右水)가 흘러 반대방향의 좌선수(左旋水)가 되면 매우 흉하게 된다.

3) 바르게 물이 흐르는 양의 방향(正養向)

① 계좌정향(癸坐丁向)과 축좌미향(丑坐未向)에 <손사巽巳> 수구이고, ② 을좌신향(乙坐辛向)과 진좌술향(辰坐戌向)에 <곤신坤申> 수구이다. ③ 정좌계향(丁坐癸向)과

미좌축향(未坐丑向)에 <건해乾亥> 수구이고, ④ 신좌을향(辛坐乙向)과 술좌진향(戌坐辰向)에 <간인艮寅> 수구이다. 좌선용(左旋龍)에 우선수(右旋水)가 합법으로 부귀를 갖춘 격식이다. 이를 두고 귀인록마상어가(貴人鹿馬祥御駕)라 하여 현명한 인물과 재물이 쌓인다. 그러나 반대로 좌수가 우로 돌면 크게 흉하게 된다.

4) 바르게 물이 흐르는 묘의 방향(正墓向)

① 정좌계향(丁坐癸向)과 미좌축향(未坐丑向)에 <간인艮寅> 수구이고, ② 신좌을향(辛坐乙向)과 술좌진향(戌坐辰向)에 <손사巽巳> 수구이다. ③ 계좌정향(癸坐丁向)과 축좌미향(丑坐未向)에 <곤신坤申> 수구이고, ④ 을좌신향(乙坐辛向)과 진좌술향(辰坐戌向)에 <건해乾亥> 수구이다. 바르게 흐르는 묘 방향에서는 오른쪽으로 돌고 있는 용자리에서 왼쪽으로 도는 물이 정법이다. 그것이 진실한 혈일 경우는 부귀쌍전(富貴雙全)한다. 그러나 우측 장생수가 절(絶), 태(胎) 방으로 물을 동반하여 묘 앞으로 들어오면 크게 흉하게 된다.

5) 물이 스스로 돌아가며 생기 있는 방향(自生向)

① 곤좌간향(坤坐艮向)과 신좌인향(申坐寅向)에 <계축癸丑> 수구이고, ② 건좌손향(乾坐巽向)과 해좌사향(亥坐巳向)에 <을진乙辰> 수구이다. ③ 간좌곤향(艮坐坤向)과 인좌신향(寅坐申向)에 <정미丁未> 수구이고, ④ 손좌건향(巽坐乾向)과 사좌해향(巳坐亥向)에 <신술辛戌> 수구이다. 이는 좌로 도는 용과 우로 도는 물이 합당하게 전진하면 빠른 속도로 대귀대부(大貴大富)한다. 그러나 그 반대가 되면 대흉해진다.

6) 스스로 물이 왕성해 가는 방향(自旺向)

① 병좌임향(丙坐壬向)과 오좌자향(午坐子向)에 <계축癸丑> 수구이고, ② 경좌갑향(庚坐甲向)과 유좌묘향(酉坐卯向)에 <을진乙辰> 수구이다. ③ 임좌병향(壬坐丙向)과

자좌오향(子坐午向)에 <정미丁未> 수구이고, ④ 갑좌경향(甲坐庚向)과 묘좌유향(卯坐酉向)에 <신술辛戌> 수구이다. 우로 도는 용(右旋龍)과 좌로 도는 물(左旋水)이 진정한 합법이다. 진혈(眞穴)을 이루면 남녀가 모두 총명한 자손과 재물이 부유하게 된다. 그리고 우수(右水)가 좌수(左水)로 돌아갈 때는 대흉하게 된다.

7) 문고 방향으로 물이 사라짐(文庫消水)

① 곤좌간향(坤坐艮向)과 신좌인향(申坐寅向)에 <갑묘甲卯> 수구이고, ② 건좌손향(乾坐巽向)과 해좌사향(亥坐巳向)에 <병오丙午> 수구이다. ③ 간좌곤향(艮坐坤向)과 인좌신향(寅坐申向)에 <경유庚酉> 수구이고, ④ 손좌건향(巽坐乾向)과 사좌해향(巳坐亥向)에 <임자壬子> 수구이다. 이 소수는 장생하는 방향으로 우선수(右旋龍)·좌선수(左旋水)로 이것이 진실한 물형을 이룰 때 총명한 자손과 문장가가 나오며 그 외는 불길하므로 함부로 사용하지 못한다.

8) 목욕 방향으로 물이 사라짐(沐浴消水)

① 임좌병향(壬坐丙向)과 자좌오향(子坐午向)에 <갑甲> 방 수구이고, ② 경좌갑향(庚坐甲向)과 유좌묘향(酉坐卯向)에 <임壬> 방 수구이다. ③ 병좌임향(丙坐壬向)과 오좌자향(午坐子向)에 <경庚> 방 수구이고, ④ 갑좌경향(甲坐庚向)과 묘좌유향(卯坐酉向)에 <병丙> 방 수구이다. 이 방향은 왕성한 방향으로 정하고 좌선용에 우선수가 합법이므로 인정이 창성하고 부귀가 일어나나 지지(地支)를 침범하면 불리함으로 신중을 요한다.

9) 당문 방향으로 물이 사라짐(當門消水)

① 임좌병향(壬坐丙向)과 자좌오향(子坐午向)에 <병丙> 방 수구이고, ② 갑좌경향(甲坐庚向)과 묘좌유향(卯坐酉向)에 <경庚> 방 수구이다. ③ 병좌임향(丙坐壬向)과 오

좌자향(午坐子向)에 <임壬> 방 수구이고, ④ 경좌갑향(庚坐甲向)과 유좌묘향(酉坐卯向)에 <갑甲> 방 수구이다. 이상 ①~④항의 수구(水口)는 우변길수(右邊吉水)가 합법이며 지지(地支)를 범하지 않아야 하고, 진혈(眞穴)일 경우는 부귀발복(富貴發福)한다. 그러므로 극히 주의를 요하는 방향이다. ⑤ 건좌손향(乾坐巽向)과 해좌사향(亥坐巳向)에 <손巽> 방 수구이고, ⑥ 간좌곤향(艮坐坤向)과 인좌신향(寅坐申向)에 <곤坤> 방 수구이다. ⑦ 손좌건향(巽坐乾向)과 사좌해향(巳坐亥向)에 <건乾> 방 수구이고, ⑧ 곤좌간향(坤坐艮向)과 신좌인향(申坐寅向)에 <간艮> 방 수구이다.

이상 ⑤~⑧항은 우수가 당면 앞으로 나가되 지지(地支)를 범하지 않아야 길하여 인정이 나고 대부대귀(大富大貴)한다. 이 방향도 주의하지 않으면 극히 위험하다.

⑨ 정좌계향(丁坐癸向)과 미좌축향(未坐丑向)은 <병丙> 방 수구이고 ⑩ 신좌을향(辛坐乙向)과 술좌진향(戌坐辰向)은 <경庚> 방 수구이다. ⑪ 계좌정향(癸坐丁向)과 축좌미향(丑坐未向)은 <임壬> 방 수구이고, ⑫ 을좌신향(乙坐辛向)과 진좌술향(辰坐戌向)은 <갑甲> 방 수구이다.

이상 ⑨~⑫항은 우선수(右旋龍)·좌선수(左旋水)가 합법이므로 천간(天干) 방으로 수구(水口)가 되어야 하므로 만약 반대로 물이 흐르거나 지지(地支)를 범하게 되면 대흉하니 극히 주의를 요한다.

혈좌(穴坐)별 수구와 12포태법

12포태법좌(坐)	생(生)	욕(浴)	대(帶)	관(冠)	왕(旺)	쇠(衰)	병(病)	사(死)	묘(墓)	절(絕)	태(胎)	양(養)
임(壬)자(子)	艮寅	甲卯	乙辰	巽巳	丙午	丁未	坤申	庚酉	辛戌	乾亥	壬子	癸丑
계(癸)축(丑)	乙亥	壬子	癸丑	艮寅	甲卯	乙辰	巽巳	丙午	丁未	坤申	庚酉	辛戌
간(艮)인(寅)	坤申	庚酉	辛戌	乾亥	壬子	癸丑	艮寅	甲卯	乙辰	巽巳	丙午	丁未
갑(甲)묘(卯)	巽巳	丙午	丁未	坤申	庚酉	辛戌	乾亥	壬子	癸丑	艮寅	甲卯	乙辰
을(乙)진(辰)	艮寅	甲卯	乙辰	巽巳	丙午	丁未	坤申	庚酉	辛戌	乾亥	壬子	癸丑
손(巽)사(巳)	乾亥	壬子	癸丑	艮寅	甲卯	乙辰	巽巳	丙午	丁未	坤申	庚酉	辛戌
병(丙)오(午)	坤申	庚酉	辛戌	乾亥	壬子	癸丑	艮寅	甲卯	乙辰	巽巳	丙午	丁未
정(丁)미(未)	巽巳	丙午	丁未	坤申	庚酉	辛戌	乾亥	壬子	癸丑	艮寅	甲卯	乙辰
곤(坤)신(申)	艮寅	甲卯	乙辰	巽巳	丙午	丁未	坤申	庚酉	辛戌	乾亥	壬子	癸丑
경(庚)유(酉)	乾亥	壬子	癸丑	艮寅	甲卯	乙辰	巽巳	丙午	丁未	坤申	庚酉	辛戌
신(辛)술(戌)	坤申	庚酉	辛戌	乾亥	壬子	癸丑	艮寅	甲卯	乙辰	巽巳	丙午	丁未
건(乾)해(亥)	巽巳	丙午	丁未	坤申	庚酉	辛戌	乾亥	壬子	癸丑	艮寅	甲卯	乙辰

본 도표는 유명한 양균송의 구빈수법(救貧水法)에 따른 것으로서 자리(坐)를 해당 수구와 대조하여 포태법상의 구체적인 길흉을 판단하는 88향론(向論)이다.

5. 나침반의 12포태법(胞胎法)에서 방향(方向)과 수구(水口)

1) 화국[火局] = 임좌병향[壬坐丙向]·자좌오향[子坐午向]

임자병향(壬坐丙向)과 자좌오향(子坐午向)은 분묘의 방향을 정남(正南)으로 했을 경우이다. 방향은 화국(火局)으로서 이때의 방향 별 12포태법은 다음과 같이 변한다.

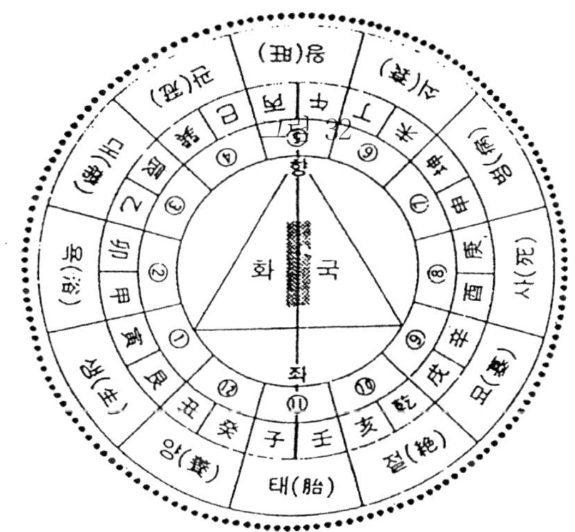

화국(火局)으로서 좌향(坐向)은 정북(正北)이므로 12포태법상 <간인艮寅> 방이 생(生) 방이고 <병오丙午> 방이 왕(旺) 방이며 <신술辛戌> 방이 묘(墓) 방으로 <인·오·술(寅午戌)>의 3合이 화국(火局)을 이룬다. 여기에서 국(局)이라 함은 용(龍)이 아닌 물(水)의 국을 말한다.

(1) 간인(艮寅): 생(生) 방 수구(水口)―――――――――――――――――――――①

간인 생방으로 물이 빠져나가면 재산은 있으되 아들을 기르기 어렵고 차남은 부부 이별이 있는 등 불길하다.

(2) 갑묘(甲卯): 욕(浴) 방 수구―――――――――――――――――――――②

우측에서 좌측 방향으로 물길이 돌아 갑방으로 빠져나가면 목욕소수라고 하여 부귀하게 되고 부부가 행복하다. 반대로 좌수가 우측으로 돌아도 같다. 단 생(生) 방인 인(寅) 자를 범해서는 아니 된다.

(3) 을진(乙辰): 대(帶) 방 수구―――――――――――――――――――――③

좌측에서 우측으로 돌아서 을진(乙辰) 방향으로 물길이 빠지면 총명한 아들이 사망하게 되고, 재산도 파산하는 등 가문이 멸망한다.

(4) 손사(巽巳): 관(冠) 방 수구―――――――――――――――――――――④

손사(巽巳) 방은 황천살 방향인데 이 방향으로 물길이 빠져나가게 되면 질병으로 가정이 패망한다.

(5) 병오(丙午): 왕(旺) 방 수구―――――――――――――――――――――⑤

오른쪽이나 왼쪽 물이 향 앞인 병왕(丙旺) 방으로 빠져나가게 되면 당문소수(當門消水)라 하여 진혈(眞穴)이면 부귀장수(富貴長壽)하지만 진혈(眞穴)이 아니라면 재산이 없어 가난하게 된다. 특히 오자를 범하지 말아야 하므로 신중을 기해야 하는 방위이다.

(6) 정미(丁未): 쇠(衰) 방 수구―――――――――――――――――――――⑥

왼쪽의 물이 정미(丁未) 방향으로 돌아서 쇠(衰) 방으로 빠져나가면 자왕향(自旺向)으로 남녀가 장수하고 자손이 부귀를 누린다. 이 방위로 물이 들어오거나 나가도 좋다. 그러나 물길이 반대로 돌면 흉하다.

(7) 곤신(坤申): 병(病) 방 수구————————————————————————⑦

　좌측에서 우측으로 돌아서 경유 방향으로 물길이 빠져나가면 재산이 모이지 않고 자손도 망한다. 특히 단명하고 장정이 상한다.

(8) 경유(庚酉): 사(死) 방 수구————————————————————————⑧

　좌측에서 우측으로 돌아서 경유(庚酉) 방향으로 물길이 빠져나가면 재산이 모이자 않고 자손도 망한다. 특히 단명하고 장정이 상한다.

(9) 신술(辛戌): 묘(墓) 방 수구————————————————————————⑨

　좌측물결이 우측으로 돌아서 신술(辛戌) 방향으로 빠져나가면 정왕향(正旺向)으로 크게 길하여 자손이 창성하며 충효현량한 자손이 나고 크게 발복(發福)한다.

(10) 건해(乾亥): 절(絕) 방 수구————————————————————————⑩

　좌측에서 후방인 건해(乾亥) 방으로 물길이 돌아서 빠지게 되면 재산이 있을 경우는 단명(短命)하고 재산이 없는 경우는 장수(長壽)하는데 특히 자손이 불길(不吉)하다.

(11) 임자(壬子): 태(胎) 방 수구　————————————————————————⑪

　좌의 후방인 임자(壬子) 방에 수구가 있어 물이 빠지면 자손이 장수하지만 재산이 없어 가정이 패가힌다.

(12) 계축(癸丑): 양(養) 방 수구————————————————————————⑫

　우측에서 시작하여 향(向) 앞으로 돌아 좌측인 양(養) 방으로 물길이 빠지면 흉하여 가산이 파산하며 소아(小兒)가 사망한다.

2) 목국[木局] = 계좌정향[癸坐丁向]·축좌미향[丑坐未向]

계좌정향과 축좌미향은 분묘의 방향을 북북동에서 남남서로 정했을 때이다. 목국(木局)으로 이때의 향별 12포태법은 다음과 같이 변한다.

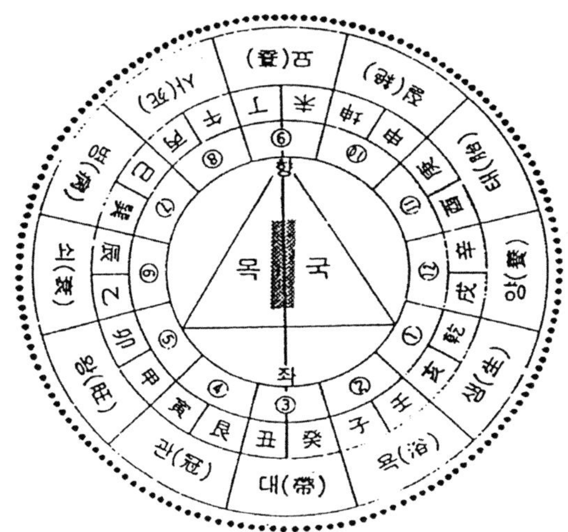

❖ 계좌정향, 축좌미향은 북북동에서 남남서로 가로지른 좌향이 된다. 목국으로 이때 생(生) 방은 <건해乾亥> 방이고 왕(旺) 방은 <갑묘甲卯> 방이며 묘(墓) 방은 <정미丁未> 방이 되며 <해·묘·미(亥卯未)> 3합 목국이 된다.

(1) 건해(乾亥): 생(生) 방 수구(水口)————————————————①
좌측에서 발생한 물길이 우측으로 돌아서 생(生) 방으로 빠져나가면 매사가 대흉하고 재산도 없게 된다. 반대로 우측에서 좌측으로 빠져나가도 역시 패망한다.

(2) 임자(壬子): 욕(浴) 방 수구————————————————②
좌측에서 물길이 우측으로 돌아 임(壬) 방으로 나가면 당문소수(當門消水)라 하여 진혈(眞穴)이면 자손이 창성하고 재산이 많으며 부귀하게 된다. 좌측에서 우측으로 물길이 흘러서 욕(浴) 방으로 빠지면 반길반흉(半吉半凶)하다. 특히 자(子) 방을 침범해서는 아니 되므로 주의를 요한다.

(3) 계축(癸丑): 대(帶) 방 수구――――――――――――――――――――③

좌측에서 향 앞으로 물길이 돌아 <계축癸丑> 방으로 빠지게 되면 대흉하여 패가망신한다. 우수(右水)가 흘러도 흉하다.

(4) 간인(艮寅): 관(冠) 방 수구――――――――――――――――――――④

우측의 물길이 좌측으로 흘러서 <간인艮寅> 방으로 나가면 장자(長子)는 사망하고 차자(次子)는 부부 이별한다.

(5) 갑묘(甲卯): 왕(旺) 방 수구――――――――――――――――――――⑤

좌측이 물길이 오른쪽으로 돌아서 <갑묘甲卯> 방에서 물이 빠지면 재산이 없고, 단명하거나 말년에 고독해진다.

(6) 을진(乙辰): 쇠(衰) 방 수구――――――――――――――――――――⑥

오른쪽에서 시작한 물이 향 앞으로 돌아서 <을진乙辰> 방으로 빠지면 초년에는 길하나 말년에는 흉하게 된다.

(7) 손사(巽巳): 병(病) 방 수구――――――――――――――――――――⑦

오른쪽으로 흐르는 물이 향 앞으로 돌아서 손(巽) 방으로 빠지면 정양향(正養向)으로 귀인록마상어가(貴人鹿馬祥御駕)라 하여 재산이 왕성하고 자손이 번창하여 만사가 대길하다. 좌수가 우로 돌아도 사방을 침범치 않으면 대길하다.

(8) 병오(丙午): 사(死) 방 수구――――――――――――――――――――⑧

오른쪽에서 좌측으로 물길이 흘러서 정남향인 병오향(丙午向)으로 빠져나가면 과부가 생기고 가난해지며 형제가 서로 다툰다.

(9) 정미(丁未): 묘(墓) 방 수구--------------------------------⑨

우수가 흘러서 향(向) 앞으로 빠지면 대흉하나 좌수가 우수로 흘러서 <정丁> 방
으로 빠지면 길하다. 그러나 미(未) 방을 침범해서는 아니 된다.

(10) 곤신(坤申): 절(絕) 방 수구--------------------------------⑩

물이 좌측에서 우측으로 흘러서 <곤신坤申> 방으로 빠지면 정묘향(正墓向)으로
효도하는 자손이 나고, 재산이 많으며 만사대길(萬事大吉)하다. 그러나 물길이 반대
로 돌아서 절태(絕胎) 방의 물이 묘(墓) 방으로 나가면 흉하다.

(11) 경유(庚酉): 태(胎) 방 수구--------------------------------⑪

좌측에서 우측으로 흘러서 향 앞을 지나 <경유절庚酉絕> 방으로 물이 빠져나가
면 부자가 되거나 장수하는 자는 가난하다.

(12) 신술(辛戌): 양(養) 방 수구--------------------------------⑫

좌측에서 우측으로 돌아서 <신술辛戌> 방으로 물길이 빠지면 재산이 축적되지
는 않고 매사에 되는 일이 없다.

3) 수국[水局] = 간좌곤향[艮坐坤向]·인좌신향[寅坐申向]

간좌곤향(艮坐坤向)과 인좌신향(寅坐申向)은 동동북에서 서서남으로 방향을 잡았을
때를 말한다. 수국으로 이때도 12포태법상의 길흉방위가 변화하는 것인데 이를 도
표로 표시하면 다음과 같다.

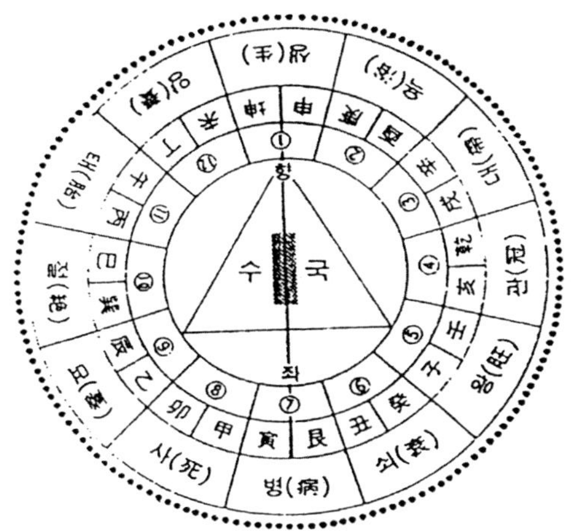

❖ 간좌곤향(艮坐坤向)은 인좌신향(寅坐申向)과 더불어 동동북에서 서서남으로 방향을 정했을 때이다. 수국으로 생(生) 방은 <곤신坤申>이고 왕(旺) 방은 <임자壬子>이며, 묘(墓) 방은 <을진乙辰>으로 <신·자·진(申子辰)>으로 삼합 수국(三合水局)이다.

(1) 곤신(坤申): 생(生) 방 수구(水口)————————————————①
오른쪽에서 왼쪽으로 물길이 흘러 신향(申向)을 침범치 않고 정면인 생방으로 빠져나가면 당문소수(當門消水)라 하여 진혈이면 대부대귀(大富大貴)하나, 왼쪽의 물이 오른쪽 경(庚) 방으로 나가거나 향(向) 앞으로 곧바로 빠져나면 사람은 있으되 가난하다.

(2) 경유(庚酉): 욕(浴) 방 수구————————————————②
왼쪽에서 향 앞을 지나 오른쪽 <경유庚酉> 방향으로 물길이 빠져나면 문고소수(文庫消水)라 하여 총명한 자손이 나오고 부귀창성(富貴昌盛)한다. 반대로, 우측물이 좌로 흘러 욕(浴) 방으로 빠져나가도 자손이 대성한다. 그러나 함부로 사용하지 못하므로 잘 살펴야 한다.

(3) 신술(辛戌): 대(帶) 방 수구─────────────────────③

　오른쪽에서　왼쪽으로, 혹은　왼쪽에서　오른쪽으로　물길이　흐르거나　상관없이 <신술辛戌> 방으로 물이 빠져나가면 불구자가 생기고 총명한 자손이 사망하여 재산도 없어지게 된다.

(4) 건해(乾亥): 관(冠) 방 수구─────────────────────④

　오른쪽이거나　왼쪽이거나　상관없이　물길이 <건해乾亥> 방으로　빠지게　되면　총명한 자손이 사망하거나 급한 병자가 생긴다.

(5) 임자(壬子): 왕(旺) 방 수구─────────────────────⑤

　왼쪽에서　오른쪽으로　흐르면　자손이　장수하지는　못해도　초년은　풍족하게 사나, 반대로 오른쪽에서 왼쪽으로 흘러 정북으로 물이 빠져나가면 자손이 단절하거나 가난하다.

(6) 계축(癸丑): 쇠(衰) 방 수구─────────────────────⑥

　좌측물이　우측으로　흘러서 <계축癸丑> 방으로　빠지면　재산이　흩어지고　자손이 없게 된다. 반대로 우측물이 좌측으로 돌아서 <계축癸丑>방으로 나가면 평생 가난하다.

(7) 간인(艮寅): 병(病) 방 수구─────────────────────⑦

　좌측에서　우측으로　돌아서 <간인艮寅> 방인　좌의　뒤편으로　물길이　빠져나가면 병이 많고 우환이 끊이지 않으며, 반대로 흐르면 우환이 없어도 가난하다.

(8) 갑묘(甲卯): 사(死) 방 수구─────────────────────⑧

　좌측에서　우측으로　흘러서 <갑묘甲卯> 방향으로　빠지면　단명하고　가난하다. 오른쪽에서 향 앞으로 흘러 <갑묘甲卯> 방으로 물길이 빠져나가면 반흉반길하게 된다.

(9) 을진(乙辰): 묘(墓) 방 수구————————————————————————⑨

오른쪽에서 왼쪽으로 흘러 <을진乙辰> 방에서 물이 빠져나가면 정생향(正生向)으로서 가업(家業)이 창성(昌盛)하고 부귀공명(富貴功名)하게 된다. 그러나 반대로 흐르면 흉하다.

(10) 손사(巽巳): 절(絕) 방 수구————————————————————————⑩

왼쪽으로 물길이 오른쪽으로 흘러서 <손사巽巳>방으로 빠지면 초년은 넉넉하나 말년에는 망한다. 반대로 우측물이 좌측으로 흘러 <손사巽巳>방으로 나가면 항상 가난하다.

(11) 병오(丙午): 태(胎) 방 수구————————————————————————⑪

좌측에서 우측으로 흘러서 정남향인 <병오丙午> 방으로 빠지면 가난한 자는 오래 사나 재물이 많으면 단명(短命)하게 된다. 그 반대방향인 우측에서 좌측으로 흘러 <병오丙午>향으로 빠지면 재산도 없고 단명한다.

(12) 정미(丁未): 양(養) 방 수구————————————————————————⑫

우측에서 좌측으로 흘러 정미방향으로 빠지면 자생향(自生向)으로 부귀공명(富貴公明)하고 자손이 창성한다. 반대로 좌측에서 우측으로 흘러서 <정미향丁未向>으로 빠져나가면 흉(凶)하게 된다.

4) 금국[金局] = 갑좌경향[甲坐庚向]·묘좌유향[卯坐酉向]

갑좌경향(甲坐庚向)과 묘자유향(卯坐酉向)을 12포태법상 같은 좌향(坐向)으로 보아 이에 따른 방향마다 다음과 같이 길흉방위가 변화한다. 좌향은 정동(正東)에서 정서(正西)로 바라보는 방향이 된다.

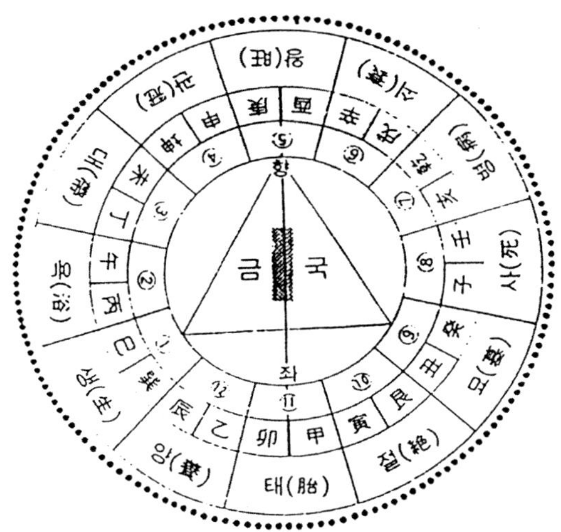

❖ 갑좌경향(甲坐庚向)과 묘좌유향(卯坐酉向)은 금국(金局)으로 생(生) 방이 <손사巽巳>이고 왕(旺) 방이 <경유庚酉>이며 묘(墓) 방이 <계축癸丑>이므로 <사·유·축(巳酉丑)> 3합 금국(三合金局)에 해당된다.

(1) 손사(巽巳): 생(生) 방 수구(水口)—————————————————————————①
오른쪽의 물길이 왼쪽으로 흘러 <손사巽巳> 방향으로 빠져나가면 어린아이를 기르기 어렵고 장손이 일찍 죽거나 차자는 부부 이별하거나 자손이 없게 된다.

(2) 병오(丙午): 욕(浴) 방 수구—————————————————————————————②
오른쪽 물길이 왼쪽으로 흘러서 병(病) 방으로 빠져나가면 목욕소수(沐浴消水)라

하여 진혈(眞穴)이면 부귀쌍전(富貴雙全)하고 가문이 번창(繁昌)한다. 그러나 <오午>
방을 침범하면 대흉하니 주의를 요한다.

(3) 정미(丁未): 대(帶) 방 수구--③

　　오른쪽에서 향 앞으로 흘러서 좌측 <정미丁未> 방으로 물길이 빠지면 총명한
어린자식이 해를 당하고 재산을 탕진하거나 부녀와 딸들이 상하게 된다.

(4) 곤신(坤申): 관(冠) 방 수구--④

　　오른쪽의 물이 향 앞으로 흘러서 좌측 <곤신坤申> 방으로 빠지면 장자(長子)가
상하고 다 큰 아들이 죽거나 차자(次子)는 부부 이별하고 피를 토하는 병이 생기며,
반대방향으로 흘러서 <곤신坤申> 방으로 빠져나가도 대흉(大凶)하다.

(5) 경유(庚酉): 왕(旺) 방 수구--⑤

　　오른쪽의 물이 왼쪽으로 흘러서 <경庚> 방으로 나가되 <유酉> 방을 침범하지
않으면 당문소수(當文消水)라 하여 진혈(眞穴)이면 자손은 창성해도 진혈(眞穴)이 아
니면 가난하다. 물길이 반대로 흐르면 평생 반흉반길하다.

(6) 신술(辛戌): 쇠(衰) 방 수구--⑥

　　물이 왼쪽에서 오른쪽으로 흘러서 향(向)잎을 지나 <신술辛戌> 빙향으로 빠지면
자왕향(自旺向)으로 향해 대길(大吉)하여 재산이 많은 부자가 되며 자손은 총명하고
귀하게 된다. 반대로 오른쪽에서 왼쪽으로 흐르면 흉하다.

(7) 건해(乾亥): 병(病) 방 수구--⑦

　　물이 오른쪽에서 왼쪽으로 흘러서 <건해乾亥> 방으로 빠져나가면 남자는 수명
이 짧고 과부가 집안에 많아진다. 좌수가 우로 흘러 <건해乾亥> 방으로 나가도
좋다.

(8) 임자(壬子): 사(死) 방 수구————————————————————————⑧

　물이 좌측에서 우측으로 흘러서 향(向) 앞을 돌아 임자북(壬子北) 방으로 흐르면 자손이 급사하여 과부가 많이 생기고 멸망한다. 우측에서 좌측으로 흘러가도 같다.

(9) 계축(癸丑): 묘(墓) 방 수구————————————————————————⑨

　물이 왼쪽에서 오른쪽으로 흘러서 향 앞을 돌아 <계축묘癸丑墓> 방으로 빠져나가면 정왕향(正旺向)으로서 삼합연주(三合演奏)라 하여 대부대길(大富大吉)하여 자손이 효출하고 장수한다. 반대로 우측에서 좌로 흘러 <계축癸丑>으로 나가되, <축丑> 방을 피하면, <계癸> 방으로 흐르면 길(吉)하다.

(10) 간인(艮寅): 절(絶) 방 수구————————————————————————⑩

　오른쪽에서 왼쪽으로 물이 돌아서 <간인艮寅> 방으로 빠져나가면 초년에는 길하나 말년에는 흉하다. 물길이 반대로 흘러 <간인艮寅> 방으로 나가면 평생 가난하다.

(11) 갑묘(甲卯): 태(胎) 방 수구————————————————————————⑪

　오른쪽에 흐르던 물이 좌측으로 돌아서 좌의 뒤편인 <갑묘甲卯> 방으로 빠져나가면 자손이 단명(短命)하고 재산이 파산하여 태아가 유산된다. 반대로 우수가 좌로 흘러 <갑묘甲卯> 방으로 빠져나가면 자손이 장수하나 가난하다.

(12) 을진(乙辰): 양(養) 방 수구————————————————————————⑫

　우측의 물이 좌로 돌아서 <을진乙辰> 방으로 빠져나가면 어린아이가 상하고 재산이 파산한다. 물길이 반대로 흘러 <을진乙辰> 방향으로 나가도 같다.

5) 화국[火局] = 을좌신향[乙坐辛向]·진좌술향[辰坐戌向]

을좌신향(乙坐辛向)과 진좌술향(辰坐戌向)은 동동남에서 서서북으로 나란히 그은 방향을 말한다. 화국으로 각 방향에 따른 12포태법상의 길흉방위는 다음과 같다.

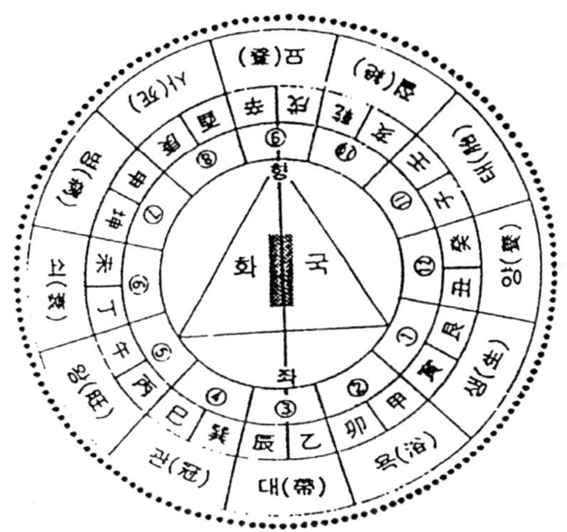

❖ 을좌신향(乙坐辛向)과 진좌술향(辰坐戌向)의 생(生) 방은 <간인艮寅>이고 왕(旺) 방은 <병오丙午> 남방이며, 묘(墓) 방은 <신술辛戌>로서 <인·오·술(寅午戌)> 3합 화국이다.

(1) 간인(艮寅): 생(生) 방 수구(水口)----------------------------------①
왼쪽의 물길이 향(向) 앞을 돌아서 우측 <간인생(艮寅生)> 방으로 빠져나가면 재산이 모이지 않아 가난하고, 반대로 오른쪽의 물이 왼쪽으로 흘러서 <생生> 방으로 빠져나가도 같다.

(2) 갑묘(甲卯): 욕(浴) 방 수구--②
왼쪽에서 오른쪽으로 물이 흘러 <갑甲> 방으로 빠져나가면 당문소수(當門消水)라 하여 진혈이면 복수쌍전하며 대부대귀(大富大貴)하나 <묘卯> 방을 침범하면 패절(敗絶)하게 된다. 반대로 오른쪽에서 왼쪽으로 흘러 <갑甲> 방으로 빠지면 흉하다.

(3) 을진(乙辰): 대(帶) 방 수구――――――――――――――――――③

오른쪽 물길이 왼쪽으로 흘러서 좌의 후방으로 물길이 빠지면 자손이 요사(夭死)하는 일이 생겨 재산도 파산한다. 반대로 왼쪽에서 오른쪽으로 돌아 <을진乙辰> 방으로 흐르면 집안이 멸망한다.

(4) 손사(巽巳): 관(冠) 방 수구――――――――――――――――――④

오른쪽에서 왼쪽으로 물길이 흘러서 <손사巽巳> 방으로 빠지게 되면 재물이 패하고 어린아이를 키우기 어려우며 차자는 부부 이별하는 흉 방이다. 물길이 반대 방향으로 흘러 <손사巽巳> 방향으로 빠지면 자손(子孫)이 멸망한다.

(5) 병오(丙午): 왕(旺) 방 수구――――――――――――――――――⑤

오른쪽 물길이 왼쪽으로 흘러서 정남향인 <병오丙午> 방으로 빠져나가면 장수(長壽)하는 자손도 있으나 대분 단명하여 재산도 파산한다. 물길이 반대로 흘러 병오(丙午) 방으로 빠져도 같다.

(6) 정미(丁未): 쇠(衰) 방 수구――――――――――――――――――⑥

오른쪽 물길이 좌측으로 흘러서 <정미丁未> 방으로 빠져나가면 초년(初年)은 길(吉)해도 말년(末年)은 대흉(大凶)하다. 물길이 반대로 흐르면 반길반흉(半吉半凶)하다.

(7) 곤신(坤申): 병(病) 방 수구――――――――――――――――――⑦

우측에서 좌측으로 물길이 흘러 <곤신병坤申竝> 방으로 빠져나가면 정양향(正養向)으로 "귀인록마상어가(貴人鹿馬祥御駕)"라 하여 가문(家門)이 대길하여 충효현량(忠孝賢良)한 자손이 나고 남녀 모두 장수(長壽)한다. 특히 셋째가 더욱 발달하고 딸들도 뛰어나다. 물길이 반대방향으로 흘러 <곤신坤申> 방으로 빠지면 흉하다.

(8) 경유(庚酉): 사(死) 방 수구--⑧

　　오른쪽에서 왼쪽으로 흘러서 <경유庚酉> 방으로 빠지면 가난하고 자손은 많으나 폭력적인 자손이 나게 된다. 왼쪽에서 오른쪽으로 물길이 흘러 <경유庚酉> 방으로 빠져도 같다.

(9) 신술(辛戌): 묘(墓) 방 수구--⑨

　　왼쪽에서 오른쪽으로 흐르는 물이 <신술辛戌> 방으로 흘러서 향 앞으로 빠져나가면 대부대귀(大富大貴)하여 길(吉)하나 <술戌> 방을 침범하면 패절(敗絶)한다. 물길이 반대방향으로 흘러서 이와 같은 향이면 결과는 같다.

(10) 건해(乾亥): 절(絶) 방 수구--⑩

　　물길이 왼쪽에서 오른쪽으로 흘러 <건해乾亥> 방으로 빠지면 정묘향(正墓向)으로 대부대귀(大富大貴)해지고 자손이 창성한다. 물길이 반대방향으로 흘러 절(絶) 방으로 빠져도 같다.

(11) 임자(壬子): 태(胎) 방 수구--⑪

　　물이 좌측에서 우측으로 흘러서 <임자壬子> 방으로 빠져나가면 가문이나 재산이 쇠퇴하여 가난해진다. 물길이 반대방향으로 흘러 <임자壬子> 방으로 나가도 사손이 불길(不吉)하다.

(12) 계축(癸丑): 양(養) 방 수구--⑫

　　물길이 오른쪽에서 왼쪽으로 흘러서 <계축癸丑> 방으로 빠져나가면 가문(家門)과 재산(財産)이 쇠퇴(衰退)한다. 반대방향으로 물길이 흘러 <계축癸丑> 방으로 빠져나가도 같다.

6) 목국[木局] = 손좌건향[巽坐乾向]·사좌해향[巳坐亥向]

손좌건향(巽坐乾向)과 사좌해향(巳坐亥向)은 남남동에서 북북서로 이은 일직선상의
방향을 나타낸다. 목국(木局)으로 따른 각 방위별 12포태법상의 길흉은 다음과 같다.

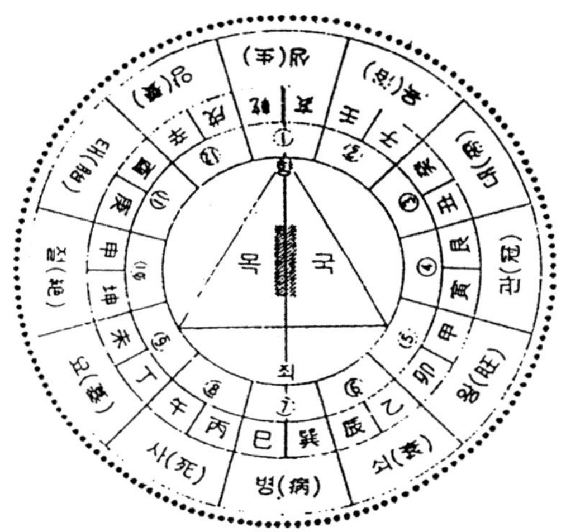

❖ 손좌건향(巽坐乾向)과 사좌해향(巳坐亥向)의 생(生) 방은 <건해乾亥>이다. 왕(旺)
　방이 <갑묘甲卯>이며 묘(墓) 방은 <정미丁未>로서 <해·묘·미(亥卯未)> 동방
　목국이다.

(1) 건해(乾亥): 생(生) 방 수구(水口)－－－－－－－－－－－－－－－－－－－－－－－－①
　오른쪽의 물길이 왼쪽으로 흘러서 향(向) 앞의 <건乾> 방으로 빠져나가면 당문
소수(當門消水)라 하여 대길(大吉)하나 진혈(眞穴)이 아니면 패절(敗絶)한다. 더구나
<해亥> 방을 침범하면 대흉이다. 물길이 반대방향으로 흘러서 같은 수구로 빠져
도 앞과 같다.

(2) 임재(壬子): 욕(浴) 방 수구━━━━━━━━━━━━━━━━━━━━━━②

　　왼쪽의 물길이 오른쪽으로 흘러서 <임자壬子> 방으로 빠져나가면 문고소수(文
庫消水)라 하여 자손은 부귀장수(富貴長壽)하며 총명하여 가정이 크게 흥(興)한다. 물
길이 반대로 흘러 <임자壬子> 방으로 나가도 같다. 그러나 함부로 입향(立向)해서
는 아니되므로 주의를 요한다.

(3) 계축(癸丑): 대(帶) 방 수구━━━━━━━━━━━━━━━━━━━━━━③

　　왼쪽 물길이 향 앞을 돌아서 오른쪽 <계축癸丑> 방으로 물길이 빠져나가면 총
명한 자식이 죽고 재산은 파산되며, 아름다운 자기 어머니의 마음이 상하게 된다.
물이 반대방향으로 흘러도 같다.

(4) 간인(艮寅): 관(冠) 방 수구━━━━━━━━━━━━━━━━━━━━━━④

　　왼쪽으로 물길이 향 앞을 돌아서 오른쪽 <간인艮寅> 방으로 빠져나가면 큰아들
은 상하게 되고 자손이 요수(夭壽)로 단명(短命)하고 패망(敗亡)하게 된다. 반대로 물
길이 흘러 <간인艮寅> 방으로 빠져나가도 같다.

(5) 갑묘(甲卯): 왕(旺) 방 수구━━━━━━━━━━━━━━━━━━━━━━⑤

　　왼쪽의 물길이 오른쪽으로 돌아서 <갑묘왕甲卯旺> 방으로 빠지면 초년은 길하
나 말년은 가난하게 된다. 우측에서 쇠측으로 흘러서 <갑묘甲卯> 빙으로 빠져도
흉하다.

(6) 을진(乙辰): 쇠(衰) 방 수구━━━━━━━━━━━━━━━━━━━━━━⑥

　　왼쪽 물길이 향 앞을 돌아서 오른쪽 뒤편의 <을진乙辰> 방으로 빠지면 재산이
줄고 자손이 패망한다. 물길이 반대방향으로 흘러도 같다.

(7) 손사(巽巳): 병(病) 방 수구━━━━━━━━━━━━━━━━━━━━━━⑦

　　오른쪽 물이든 왼쪽 물이든 좌(坐)의 후방 <손사병巽巳竝> 방으로 물길이 빠져

나가면 패가망신(敗家亡身)하게 되고 말년이 흉하다.

(8) 병오(丙午): 사(死) 방 수구————————————————⑧

오른쪽의 물이 왼쪽으로 돌아서 향 앞을 지나서 <병오丙午> 방으로 빠져나가면 재산이 패망하고 정생향(正生向)으로 대길하여 기업이 흥왕하고 부귀쌍전(富貴雙全)한다. 좌측의 물길이 우측으로 흐를 때는 <미未> 방을 침범하지 않아야 吉하다.

(9) 정미(丁未): 묘(墓) 방 수구————————————————⑨

물길이 오른쪽에서 왼쪽으로 흘러서 물이 <정미丁未> 방으로 빠져나가면 정생향(正生向)으로 대길(大吉)하여 기업이 흥왕(興旺)하고 부귀쌍전한다. 좌측의 물길이 우측으로 흐를 때는 <미未> 방을 침범하지 않아야 吉하다.

(10) 곤신(坤申): 절(絕) 방 수구————————————————⑩

오른쪽의 물길이 왼쪽으로 흘러서 <곤신坤申> 방으로 빠져나가면 초년에는 장수하고 자손이 많으나 나중에 가난해진다. 물길이 반대로 방향으로 흘러 <곤신坤申> 방으로 빠지면 평생 가난해진다.

(11) 경유(庚酉): 태(胎) 방 수구————————————————⑪

오른쪽의 물길이 왼쪽으로 흘러서 <경유庚酉> 방으로 빠져나가면 초년에는 부자가 되고 길하나 말년에는 흉하다. 재산도 흩어지고 단명하며 물길이 반대방향으로 흘러 <경유庚酉> 방으로 빠져나가도 같다.

(12) 신술(辛戌): 양(養) 방 수구————————————————⑫

오른쪽의 물길이 왼쪽으로 흘러서 <신술辛戌> 방으로 빠져나가면 자생향(自生向)으로 부귀장수(富貴長壽)하며 가정이 흥왕(興旺)한다. 물길이 반대로 나가서 <신술辛戌> 방으로 빠져나가면 흉(凶)하다.

7) 수국[水局] = 병좌임향[丙坐壬向]·오좌자향[午坐子向]

병좌임향(丙坐壬向)과 오좌자향(午坐子向)은 정남에서 정북향으로 직선을 그은 선상의 방위를 말한다. 수국(水局)으로 각 향별 12포태법상의 길흉도 변화한다. 도표로 표시하면 다음과 같다.

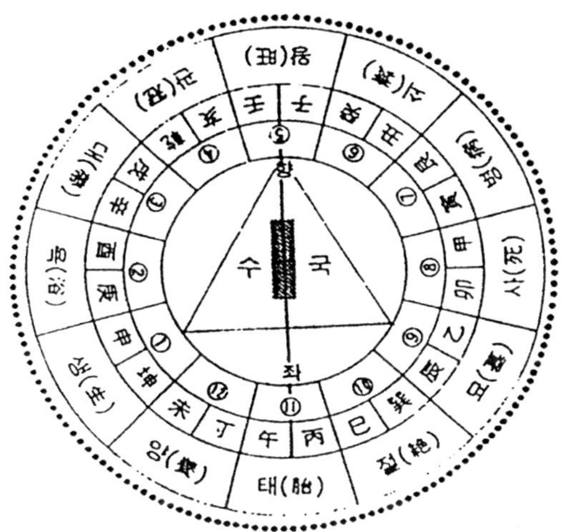

❖ 병좌임향(丙坐壬向)과 자좌자향(午坐子向)은 생(生) 방이 <곤신坤申>이고 왕(旺) 방이 <임자壬子>이며 묘(墓) 방은 <을진乙辰>이 되어 <신·자·진 (申子辰)> 수국이 된다.

(1) 곤신(坤申): 생(生) 방 수구(水口)————————————————————————①
물길이 오른쪽에서 왼쪽으로 흘러서 향(向) 앞을 돌아 <곤신坤申> 방으로 빠져나가면 어린아이를 키우기 어렵고 장손(長孫)이 끊어진다. 반대로 왼편에서 오른편으로 흘러 <생生> 방으로 빠지면 대흉(大凶)하다.

(2) 경유(庚酉): 욕(浴) 방 수구————————————————————————————②
오른편에서 왼편으로 물길이 돌아 <경庚> 방으로 빠져나가면 목욕소수(沐浴消

水)라 하여 부귀(富貴)를 누리게 되나 <유신酉申> 방을 침범하게 되면 음란한 일이 일어나는 등 대흉(大凶)하게 된다. 물길이 반대로 흘러도 <유신酉申> 방을 침범하면 그것도 위와 같다.

(3) 신술(辛戌): 대(帶) 방 수구————————————————③

오른쪽에서 왼쪽으로 물길이 흘러서 <신술辛戌> 방으로 빠져나가면 총명한 자녀가 사망하고 부녀와 딸이 상하는 등 크게 실패한다.

(4) 건해(乾亥): 관(冠) 방 수구————————————————④

오른쪽에서 물길이 왼편으로 흘러서 <건해乾亥> 방을 빠져나가면 살인황천살(殺人黃泉殺)을 범하는 것이 되므로 총명한 자녀가 사망하고 차자는 풍병(風病)이 발생하는 등 대흉하다. 물길이 반대방향으로 흘러도 대흉(大凶)하다.

(5) 임자(壬子): 왕(旺) 방 수구————————————————⑤

오른쪽에서 왼쪽으로 물길이 흘러서 향 앞 <임壬> 방으로 빠져나가면 당문소수(當門消水)라하여 부귀공명(富貴功名)하고 장수(長壽)하며 자손이 창성(昌盛)한다. 물길이 반대로 왼쪽에서 오른쪽으로 흘러 <임자壬子> 방으로 빠지면 흉(凶)하다.

(6) 계축(癸丑): 쇠(衰) 방 수구————————————————⑥

왼쪽에서 오른쪽으로 물이 흘러서 <축丑> 방으로 빠져나가면 자왕향(自旺向)으로 부귀공명(富貴功名)하고 장수(長壽)하며 자손이 창성한다. 물의 방향이 반대방향으로 흘러 <계축癸丑> 방향으로 빠져나가면 흉하다.

(7) 간인(艮寅): 병(病) 방 수구————————————————⑦

왼쪽에서 오른쪽으로 물이 흘러서 <간인艮寅> 방으로 빠져나가면 남자가 명을 다하지 못하여 집안에 과부가 많이 생긴다. 반대방향으로 흘러 <간인艮寅> 방으로 빠져나가도 같이 흉(凶)하다.

(8) 갑묘(甲卯): 사(死) 방 수구———————————————————————⑧

　왼쪽에서 오른쪽으로 물이 흘러 향 앞으로 돌아 <갑묘甲卯> 방으로 빠져나가면 대흉(大凶)하여 장손(長孫)이 사망하고 재물도 없다. 그러나 오른쪽에서 왼쪽으로 흘러 <묘卯> 방을 침범치 않으면 무해하다.

(9) 을진(乙辰): 묘(墓) 방 수구———————————————————————⑨

　왼쪽 물이 향 앞을 돌아서 우측 <을진乙辰> 방으로 빠져나가면 정왕향(正旺向)으로 대부대귀(大富大貴)하고 자손이 창성(昌盛)하고 만사(萬事)가 길(吉)하다. 반대로 오른쪽 물이 왼쪽으로 흘러서 <을진乙辰> 방으로 빠지면 흉(凶)하다.

(10) 손사(巽巳): 절(絕) 방 수구——————————————————————⑩

　왼쪽에서 오른쪽으로 흘러서 좌의 뒤인 <손사巽巳> 방으로 물길이 빠져나가면 재산이 있으면 단명(短命)하고, 재산이 없으면 장수(長壽)한다. 물길이 반대로 흘러 <손사巽巳>로 빠져나가도 반길반흉(半吉半凶)하다.

(11) 병오(丙午): 태(胎) 방 수구——————————————————————⑪

　왼쪽에서 오른쪽으로 흘러서 뒤편인 <병오丙午> 방으로 물길이 빠져나가면 자녀가 상하거나 무자(無子)되기 쉬우며 초년(初年)은 길(吉)하나 말년(末年)은 흉(凶)하다. 오른쪽에서 왼쪽으로 흘러가서 <병오丙午> 방으로 빠지면 자녀들의 잉태(孕胎)운이 나쁘다.

(12) 정미(丁未): 양(養) 방 수구——————————————————————⑫

　오른쪽에서 왼쪽으로 물길이 흘러서 <정미丁未> 방으로 빠져나가면 어린아이들이 죽거나 후사(後嗣)가 끊어진다. 물이 반대 방으로 흘러 <정미丁未> 방으로 빠져나가도 역시 같다.

8) 금국[金局] = 정좌계향[丁坐癸向]·미좌축향[未坐丑向]

정좌계향(丁坐癸向)과 미좌축향(未坐丑向)은 남남서에서 북북동으로 나란히 그은 선상의 방위를 말한다. 금국(金局)으로 이에 따라 각 방위별 12포태법의 길흉도 다음과 같이 변한다.

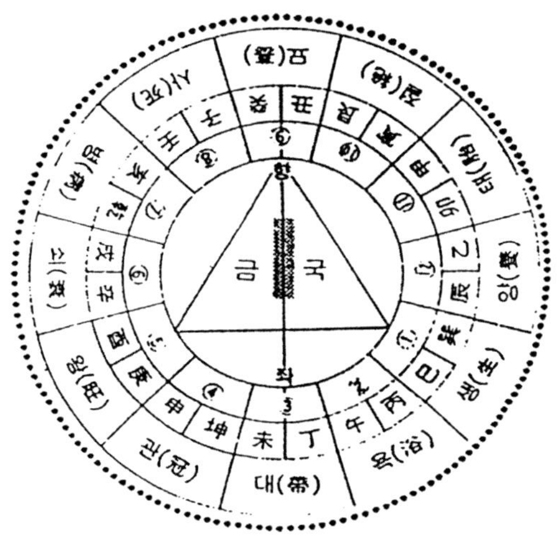

❖ 정좌계향(丁坐癸向), 미좌축향(未坐丑向)은 생(生) 방이 <손사巽巳>이고 왕(旺) 방이 <경유庚酉>이며 묘(墓) 방이 <계축癸丑>이다. 이는 <사·유·축(巳酉丑)> 금국(金局)이며 <손·경·계(巽庚癸)>도 같다.

(1) 손사(巽巳): 생(生) 방 수구(水口)────────────────────────①
왼쪽에서 오른쪽으로 물이 흘러 향(向) 앞을 돌아 <손사巽巳> 방향으로 빠져나가면 사람과 재산을 패하여 망하게 된다. 물의 방향이 반대로 흘러 손사로 빠져나가도 같다.

(2) 병오(丙午): 욕(浴) 방 수구────────────────────────②
왼쪽에서 오른쪽으로 물길이 돌아 <병丙> 방으로 빠져 <오午> 향을 침범하지 않고 당문소수(當門消水)라 하여 진혈(眞穴)이면 대부대귀(大富大貴)하고 장수(長壽)한다. 반대로 오른쪽에서 왼쪽으로 흘러 <병丙> 방으로 나가면 흉(凶)하다.

(3) 정미(丁未): 대(帶) 방 수구————————————————————————③

왼쪽의 물길이 향 앞으로 돌아서 좌의 뒤편인 정미(丁未) 방으로 빠져나가면 장손(長孫)이 요사(夭死: 일찍 죽음)하고 대패(大敗)한다. 물이 반대방향으로 돌아서 <정미丁未> 방으로 빠져나가도 같다.

(4) 곤신(坤申): 관(冠) 방 수구————————————————————————④

오른쪽의 물길이 왼쪽으로 돌아서 <곤신坤申> 방으로 나가면 재산이 흩어지고 어린아이를 기르기 어렵고 자손이 요사(夭死)한다. 물의 방향이 반대방향으로 흘러 <곤신坤申> 방으로 빠져도 같다.

(5) 경유(庚酉): 왕(旺) 방 수구————————————————————————⑤

오른쪽에서 물길이 왼쪽으로 흘러서 서방인 <경유庚酉> 방으로 빠져나가면 초년은 길하나 말년은 흉하여 단명하고 재산이 흩어져 가난하게 된다. 반대방향으로 물이 흘러 <경유庚酉> 방으로 빠져나가면 자손이 일찍 사망한다.

(6) 신술(辛戌): 쇠(哀) 방 수구————————————————————————⑥

오른쪽에서 물길이 왼쪽으로 흘러서 <신술辛戌> 방으로 빠져나가면 초년에는 재산이 모이나 중년 이후는 가난해진다. 물의 방향이 반대로 흘러 <신술辛戌> 방으로 빠져나가면 가난하나 장수한다.

(7) 건해(乾亥): 병(病) 방 수구————————————————————————⑦

오른쪽의 물이 향 앞을 돌아서 왼쪽 <건해乾亥> 방으로 빠져나가면 정양향(正養向)으로 "귀인록마상어가(貴人鹿馬祥御駕)"라 하여 부귀공명(富貴功名)하고 자손이 창성한다. 반대방향으로 물이 흘러서 <건해乾亥> 방으로 빠져나가도 만사대길(萬事

大吉)하고 소원성취(所願成就)한다. 특히 셋째가 더욱 발전하고 딸들도 길하다.

(8) 임자(壬子): 사(死) 방 수구———————————————————⑧

오른쪽의 물이 왼쪽으로 돌아서 <임자壬子> 방으로 빠져나가면 가난하고 단명하며 과부가 생긴다. 혹 장수하는 자는 가난하고 <축丑> 방에 창칼 같은 바위가 있으면 폭력배가 생긴다. 물의 방향이 반대로 흘러 <임자壬子> 방으로 나가도 같다.

(9) 계축(癸丑): 묘(墓) 방 수구———————————————————⑨

왼쪽에서 오른쪽으로 물길이 흘러서 향 앞의 계(癸) 방으로 빠져나가면 대부대귀(大富大貴)하게 된다. 신중을 기하여야 하며 축(丑) 방을 범해서는 아니 된다. 오른쪽에서 왼쪽으로 흘러 계(癸) 방으로 나가면 매사평탄하다.

(10) 간인(艮寅): 절(絶) 방 수구———————————————————⑩

왼쪽에서 오른쪽으로 물이 흘러서 <간인艮寅> 방으로 물길이 빠져나가면 정묘향(正墓向)으로 자손이 창성하고 장수하며 문장가(文章家)가 난다. 반대방향으로 물이 흘러 간(艮) 방으로 나가면 만사대길하나 우측장생수가 절태(絶胎) 방에서 합수하여 묘(墓) 방으로 나가면 대흉(大凶)하다.

(11) 갑묘(甲卯): 태(胎) 방 수구———————————————————⑪

왼쪽에서 오른쪽으로 흐르는 물이 동방인 <갑묘甲卯> 방으로 빠져나가면 초년에는 부귀(富貴)하나 단명(短命)하고 장수(長壽)한 자는 가난하다. 물의 방향이 반대로 흐르면 단명한다.

(12) 을진(乙辰): 양(養) 방 수구———————————————————⑫

왼쪽으로 물길이 오른쪽으로 흘러서 <을진乙辰> 방으로 나가면 재산이 흩어지고 가난해진다. 반대방향으로 물길이 흘러서 <을진乙辰> 방으로 나가면 말년(末年)에는 고독(孤獨)하다.

9) 화국[火局] = 곤좌간향[坤坐艮向]·신좌인향[申坐寅向]

　　곤좌간향(坤坐艮向)·신좌인향(申坐寅向)은 서서남에서 동동북을 선상으로 하는 방위이다. 그러므로 각 향에 따른 12포태법의 길흉도 다음과 같이 변한다.

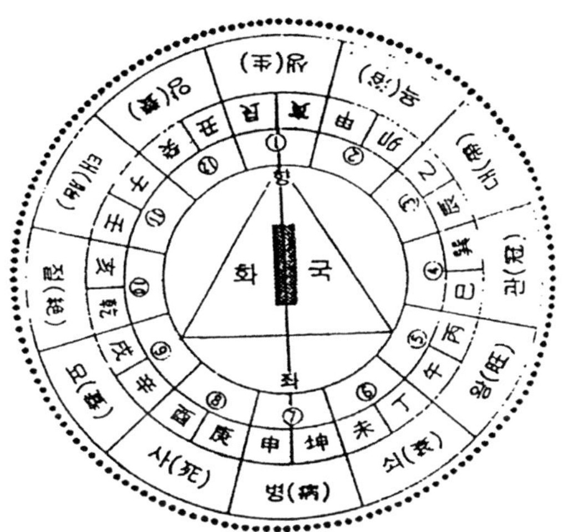

　❖　곤좌간향(坤坐艮向), 신좌인향(申坐寅向)의 생(生) 방은 <간인艮寅>이고 왕(旺) 방은 <병오丙午>이며 묘(墓) 방은 <신술辛戌>이다. 그러므로 <인·오·술(寅午戌)> 火局이며 <간·병·신(艮丙辛)>도 같은 화국이다.

(1) 간인(艮寅): 생(生) 방 수구(水口)────────────────────────────①
　　오른쪽 물이 왼쪽의 향 앞으로 흘러서 <간艮> 방으로 나가되 <인寅> 방을 침범하지 않으면 당문소수(當門消水)라 하여 진혈(眞穴)일 경우 대부대귀(大富大貴)하다. <인寅> 방으로 침범하면 수명에 해가 있고, 물의 방향이 반대로 흘러도 흉함은 같다.

(2) 갑묘(甲卯): 욕(浴) 방 수구————————————————————————————②

　왼쪽에서 오른쪽으로 흘러서 <갑甲> 방으로 물길이 빠져나가되 <묘卯> 방을 침범하지 않으면 문고소수(文庫消水)라 하여 총명한 자손이 나오고 부귀장수(富貴長壽)한다. 오른쪽에서 왼쪽으로 물길이 흘러도 이와 같다. 그러나 함부로 사용해서는 아니 된다.

(3) 을진(乙辰): 대(帶) 방 수구 ————————————————————————③

　물이 왼쪽에서 오른쪽으로 흘러서 <을진乙辰> 방으로 빠져나가면 총명한 자식이 사망하게 되고 여자가 음란하다. 반대로 오른쪽에서 왼쪽으로 흘러 <을진乙辰> 방으로 빠지면 역시 흉하여 자손들이 바람이 난다.

(4) 손사(巽巳): 관(冠) 방 수구————————————————————————④

　왼쪽에서 오른쪽으로 흘러서 <손사巽巳> 방으로 물길이 빠져나가면 다 큰 아들이 급사하는 등 대흉하다. 반대로 물이 흘러 <손사巽巳> 방으로 나가도 역시 같다.

(5) 병오(丙午): 왕(旺) 방 수구————————————————————————⑤

　왼쪽에서 오른쪽으로 물길이 흘러서 <병오왕(丙午旺)> 방으로 나가면 가난하고 자손이 있으나 말년은 흉하여 망하게 된다. 물길이 반대로 흘러나가도 또한 같다.

(6) 정미(丁未): 쇠(衰) 방 수구————————————————————————⑥

　왼쪽에서 오른쪽으로 물길이 흘러 <정미丁未> 방으로 흐르면 재산이 파산되고 절손된다. 그러나 반대로 흘러 <정미향(丁未向)>으로 나가도 같다.

(7) 곤신(坤申): 병(病) 방 수구————————————————————————⑦

　왼쪽에서 오른쪽으로 물길이 흘러서 좌의 뒤편 병방으로 빠져나가면 만사가 불길하다. 반대방향으로 흘러 <곤신坤申>으로 나가도 역시 같다.

(8) 경유(庚酉): 사(死) 방 수구--⑧

　오른쪽의 물길이 왼쪽으로 흘러서 <경유庚酉> 방으로 빠져나가면 재산이 흩어
지고 단명(短命)한다. 반대방향으로 흘러 <경유庚酉> 방으로 나가도 같다.

(9) 신술(신술): 묘(墓) 방 수구--⑨

　오른쪽 물길이 왼쪽으로 흘러서 <신술묘(辛戌墓)> 방으로 빠져나가면 정생향(正
生向)으로 대길(大吉)하며 자손과 부부가 오복(五福)을 누리고 대길(大吉)하다. 물길이
반대방향으로 흘러 <신술辛戌> 방으로 나가면 패망(敗亡)한다.

(10) 건해(乾亥): 절(絶) 방 수구--⑩

　물이 오른쪽에서 왼쪽으로 흘러서 <건해乾亥> 방으로 나가면 초년은 길하나 말
년은 가난하고 망하게 된다. 반대방향으로 물길이 흘러 <건해乾亥> 방으로 나가
도 대흉하다.

(11) 임자(壬子): 태(胎) 방 수구--⑪

　물이 오른쪽에서 향 앞으로 흘러서 왼쪽 <임자壬子> 방으로 빠져나가면 초년은
길하나 말년은 흉하다. 특히 子방을 침범하지 않아야 하고 반대방향으로 물이 흘
러서 <임자壬子> 방으로 빠지면 불길하다.

(12) 계축(癸丑): 양(養) 방 수구--⑫

　오른쪽에서 왼쪽으로 흘러서 향 앞 <계축癸丑> 방으로 나가면 자생향(自生向)으
로 부귀장수(富貴長壽)하며 장자(長子)와 차자(次子)가 차례로 부자(富者)가 된다. 반대
로 왼쪽에서 오른쪽으로 흘러 <계축癸丑> 방향으로 흘러가면 흉하다.

10) 목국[木局] = 경좌신향[庚坐甲向]·유좌묘향[酉坐卯向]

경좌신향(庚坐甲向)과 유좌묘향(酉坐卯向)은 정서에서 정동으로 그은 일직선상의 목국(木局) 방위를 말한다. 이에 따른 각 방위별 12포태법상의 길흉은 다음과 같다.

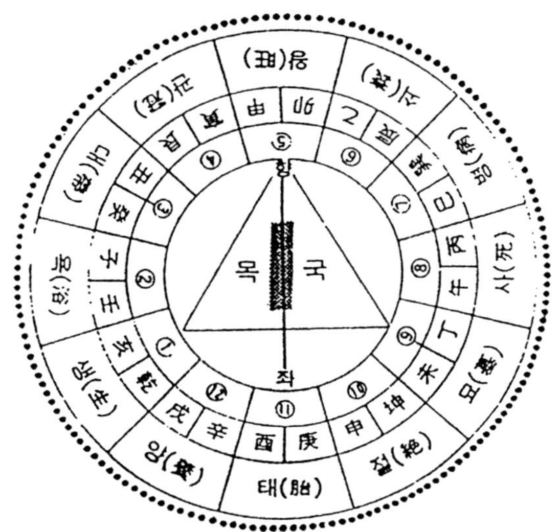

❖ 경좌갑향(庚坐甲向)과 유좌묘향(酉坐卯向)은 생(生) 방은 <건해乾亥>이고 왕(旺) 방은 <갑묘甲卯>이며 묘(墓) 방은 <정미丁未>로서 <해·묘·미(亥卯未)> 3합국이며 <건·갑·정(乾甲丁)>도 같다.

(1) 건해(乾亥): 생(生) 방 수구(水口)—————————————————①

오른쪽에서 왼쪽으로 물이 흘러 <건해乾亥> 방으로 빠져나가면 어린아이를 키우기 어렵고 재산이 흩어져 가난하다. 반대방향으로 물이 흘러 <건해乾亥>로 나가면 자손이 망한다.

(2) 임자(壬子): 욕(浴) 방 수구—————————————————②

오른쪽에서 왼쪽으로 물이 흘러서 <임壬> 방으로 물길이 빠지면 목욕소수(沐浴

消水)라 하여 진혈(眞穴)이면 부귀(富貴)를 겸하게 되는 길(吉) 방이 된다. 단, <자子> 방을 범하지 않아야 한다. 왼쪽에서 오른쪽으로 흘러도 또한 같다.

(3) 계축(癸丑): 대(帶) 방 수구———————————————————③

오른쪽에서 왼쪽으로 물이 흘러서 <계축癸丑> 방으로 나가면 총명한 자손이 사망하고 가정이 패망한다. 물길이 반대로 흘러 <계축癸丑> 방으로 나가도 같다.

(4) 간인(艮寅): 관(冠) 방 수구———————————————————④

오른쪽에서 물길이 왼쪽으로 돌아서 <간인艮寅> 방으로 나가면 다 큰 자식이 사망하고 가업이 기운다. 반대방향으로 물길이 흘러 <간인艮寅> 방으로 나가도 대흉(大凶)한다.

(5) 갑묘(甲卯): 왕(旺) 방 수구———————————————————⑤

오른쪽에서 왼쪽으로 물이 흘러서 향 앞인 <갑甲> 방으로 물이 빠지면 당문소수(當文消水)라 하여 진혈(眞穴)이면 부귀하나 진혈이 아니면 가난해지고 <묘卯> 방을 침범치 않으면 흉함은 덜하다. 반대로 왼쪽에서 오른쪽으로 흐르면 매사(每事)가 길(吉)하나 신중을 요한다.

(6) 을진(乙辰): 쇠(衰) 방 수구———————————————————⑥

왼쪽에서 오른쪽으로 흘러서 향(向)의 옆인 <을진乙辰> 방으로 물길이 빠지면 자왕향(自旺向)으로서 부귀장수(富貴長壽)한다. 그러나 반대방향으로 물길이 흘러 <을진乙辰> 방으로 빠져나가면 흉하다.

(7) 손사(巽巳): 병(病) 방 수구———————————————————⑦

왼쪽에서 오른쪽으로 물길이 흘러서 <손사巽巳> 방으로 빠져나가면 남자가 단명하고 과부가 많이 생긴다. 셋째가 먼저 망하고 순차적으로 망한다. 물길이 반대로 흘러 <손사巽巳> 방으로 나가도 집안에 우환(憂患)이 끊이지 않는다.

(8) 병오(丙午): 사(死) 방 수구———————————————————————⑧

왼쪽에서 오른쪽으로 물길이 흘러서 <병오丙午> 방으로 나가면 가난하고 재산이
대파되고 자손이 급사한다. 물길이 반대로 흘러 <병오丙午> 방으로 빠져도 같다.

(9) 정미(丁未): 묘(墓) 방 수구———————————————————————⑨

왼쪽에서 오른쪽으로 물길이 흘러서 <정미묘(丁未墓)> 방으로 빠져나가면 정왕
향(正旺向)으로 대길하여 자손이 창성(昌盛)하고 부귀(富貴)한다. 반대로 물길이 흘러
<정미丁未> 방으로 나가면 흉하다.

(10) 곤신(坤申): 절(絶) 방 수구———————————————————————⑩

왼쪽에서 오른쪽으로 물길이 흘러서 <곤신坤申> 방으로 빠져나가면 대흉하여
가난하다. 반대로 물길이 흘러 <곤신坤申>으로 빠져나가도 평생 가난하다.

(11) 경유(庚酉): 태(胎) 방 수구———————————————————————⑪

물길이 왼쪽에서 오른쪽으로 흘러서 좌(坐)의 후방인 <경유庚酉> 방으로 빠져나
가면 자손이 낙태를 많이 하게 되고 재산이 많으면 단명하고 재산이 적으면 장수
한다. 오른쪽에서 왼쪽으로 흘러 <경유庚酉> 방으로 빠져나가면 매사가 중단되어
흉하게 된다.

(12) 신술(辛戌): 양(養) 방 수구———————————————————————⑫

물길이 오른쪽에서 왼쪽으로 흘러서 <신술辛戌> 방으로 빠져나가면 패가망신
(敗家亡身)하고 재산이 흩어진다. 왼쪽에서 오른쪽으로 흘러도 역시 흉하다.

11) 수국[水局] = 신좌을향[辛坐乙向]·술좌진향[戌坐辰向]

　신좌을향(辛坐乙向)과 술좌진향(戌坐辰向)은 서서북에서 동동남으로 그은 일직선상
의 방향을 말한다. 수국으로 이에 따라 각 방향별 12포태법의 길흉도 다음과 같이
변한다.

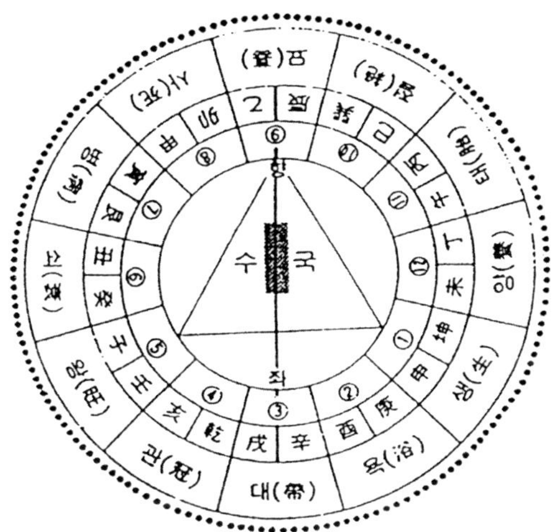

❖　신좌을향(辛坐乙向)과 술좌진향(戌坐辰向)의 생(生) 방은 <곤신坤申>이고, 왕(旺)
　　방은 <임자壬子>이며, 묘(墓) 방은 <을진乙辰>이다. <신자진(申子辰)> 3합
　　북방수국이고 <곤임을(坤壬乙)>도 같다.

(1) 곤신(坤申): 생(生) 방 수구(水口)—————————————————①
　물길이 왼쪽에서 오른쪽으로 흘러서 <곤신생(坤申生)> 방으로 물길이 빠져나가
면 가난하고 가문이 망하게 된다. 반대방향으로 물길이 흘러 <곤신坤申> 방으로
나가도 흉하다.

(2) 경유(庚酉): 욕(浴) 방 수구—————————————————②
　물길이 왼쪽에서 오른쪽으로 돌아서 경(庚) 방으로 물길이 빠져나가면 당문소수

(當文消水)라 하여 진혈(眞穴)이면 대부대귀(大富大貴)하고 장수(長壽)한다. 물길이 반대로 흘러나가도 길하나 <유酉> 방을 침범하면 흉(凶)하다. 그러므로 함부로 사용해서는 아니 된다.

(3) 신술(辛戌): 대(帶) 방 수구——————————————————③

물길이 오른쪽에서 왼쪽으로 흐르거나 왼쪽에서 오른쪽으로 흘러서 좌의 후방인 <신술辛戌> 방으로 물길이 빠지면 자손들이 급사하거나 사망한다.

(4) 건해(乾亥): 관(冠) 방 수구——————————————————④

물길이 오른쪽에서 왼쪽으로 흘러서 좌(坐)의 옆인 <건해乾亥> 방으로 물길이 빠져나가면 재산이 흩어지고 어린아이를 기르기 어렵게 된다. 물이 반대로 흘러 <건해乾亥> 방으로 나가도 불길(不吉)하다.

(5) 임자(壬子): 왕(旺) 방 수구——————————————————⑤

물길이 오른쪽에서 왼쪽으로 돌아 <임자왕(壬子旺)> 방으로 물이 빠져나가면 재산이 있는 자는 단명하고 어린아이를 기르기가 어렵다. 반대로 물길이 흘러 <임자壬子> 방으로 나가도 단명(短命)한다.

(6) 계축(癸丑): 쇠(衰) 방 수구——————————————————⑥

물길이 오른쪽에서 왼쪽으로 흘러서 <계축쇠(癸丑衰)> 방으로 물길이 빠지면 재복이 없어 말년에는 빈곤해진다. 반대로 물길이 흘러 <계축癸丑>으로 나가도 초년(初年)은 길(吉)해도 말년(末年)은 빈(貧)해진다.

(7) 간인(艮寅): 병(病) 방 수구——————————————————⑦

물길이 오른쪽에서 왼쪽으로 흘러서 <간인병(艮寅竝)> 방으로 빠져나가면 정양향(正養向)으로 귀인록마상어가(貴人鹿馬祥御駕)라 하여 대길하여 자손이 공명하고 부자가 된다. 반대방향으로 물길이 흘러 <간인艮寅> 방으로 나가면 흉하다.

(8) 갑묘(甲卯): 사(死) 방 수구——————————————————————————⑧

물길이 오른쪽에서 왼쪽으로 흘러서 왼쪽 <갑묘甲卯>사방으로 빠져나가면 자손이 사망하여 과부가 나오며 차자(次子)는 가난하다. 진방에 암석이 흉하게 보이면 폭력배가 나온다. 물길이 반대로 흘러 <갑묘甲卯> 방으로 빠져도 흉하여 단명(短命)한다.

(9) 을진(乙辰): 묘(墓) 방 수구——————————————————————————⑨

물길이 오른쪽에서 왼쪽으로 흐르거나 왼쪽에서 오른쪽으로 물길이 흘러서 향의 정면인 <을乙> 방을 나가면 정묘향(正墓向)으로 부귀(富貴)하게 된다. 다만 <진辰> 방을 침범해서는 아니 된다.

(10) 손사(巽巳): 절(絕) 방 수구——————————————————————————⑩

물이 왼쪽에서 오른쪽으로 흘러서 <손사절(巽巳絕)> 방으로 빠져나가면 대부대귀(大富大貴)하며 자손이 장수한다. 반대로 물길이 흘러서 <손사巽巳> 방으로 나가도 자손(子孫)이 장성(長成)하고 길(吉)하다.

(11) 병오(丙午): 태(胎) 방 수구——————————————————————————⑪

왼쪽의 물길이 오른쪽으로 흘러서 <병오남(丙午南)> 방인 태(胎) 방으로 흘러가면 초년은 부자가 되기도 하나 말년에는 가난하다. 반대빙향으로 물길이 흘러서 <병오丙午> 방으로 나가도 같다.

(12) 정미(丁未): 양(養) 방 수구——————————————————————————⑫

왼쪽 물이 오른쪽으로 흘러서 <정미丁未> 양 방 수구(水口)로 빠져나가면 대흉(大凶)하여 재산이 흩어지고 망하게 된다. 물길이 반대로 빠져서 <정미丁未> 방으로 나가도 같다.

12) 금국[金局] = 건좌손향[乾坐巽向]·해좌사향[亥坐巳向]

건좌손향(乾坐巽向)과 해좌사향(亥坐巳向)은 북북서에서 남남동으로 그은 일직선상
의 방위를 말한다. 금국(金局)으로 좌향(坐向)에 따른 각 방위 별 12포태법의 배속은
다음과 같다.

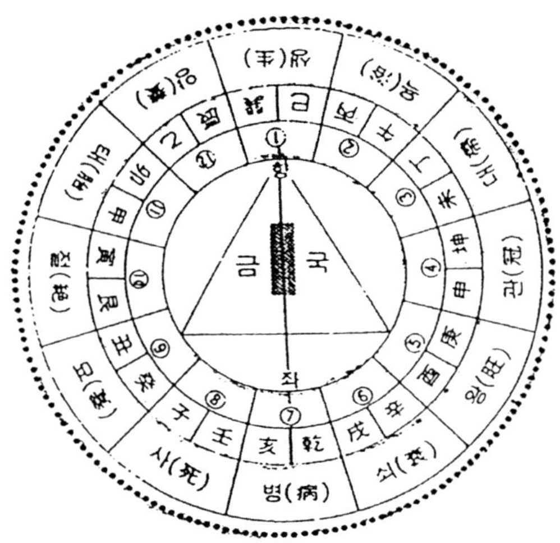

❖ 건좌손향(乾坐巽向) 해좌사향(亥坐巳向)의 생(生) 방은 <손사巽巳>이고, 왕(旺)
   방은 <경유庚酉>이며, 묘(墓) 방은 <계축癸丑>이므로 <사·유·축(巳酉丑)>
   금국이고, <손·경·계(巽庚癸)>도 같다.

(1) 손사(巽巳): 생(生) 방 수구(水口)———————————————————————①
물이 오른쪽에서 왼쪽으로 흘러서 향 앞의 <손생巽生> 방으로 물길이 빠져나가
면 당문소수(當門消水)라 하여 진혈(眞穴)이면 부귀(富貴)하나 진혈이 아니면 매사가
불길하고 부부 이별하며 가난해진다. 특히 <사巳> 방을 범하면 더욱 흉하다.

(2) 병오(丙午): 욕(浴) 방 수구———————————————————————————②
물길이 왼쪽에서 오른쪽으로 흘러서 <병오욕(丙午浴)> 방으로 물길이 빠져나가

면 문고소수(文庫消水)라 하여 총명한 자손이 나오고 부귀(富貴)하고 장수(長壽)한다.
반대로 물길이 흘러 <병오丙午> 방으로 빠져나가도 같다. 그러나 함부로 사용해
서는 아니 된다.

　(3) 정미(丁未): 대(帶) 방 수구————————————————————————③
　왼쪽의 물길이 오른쪽으로 흘러서 <정미대(丁未帶)> 방으로 나가면 총명한 자손
이 사망하고 가정이 패망한다. 반대방향으로 물길이 흘러 <정미丁未> 방으로 빠
져도 같다.

　(4) 곤신(坤申): 관(冠) 방 수구————————————————————————④
　왼쪽의 물길이 오른쪽으로 흘러서 <곤신坤申> 방으로 물길이 빠져나가면 장성
(長成)한 아들이 사망(死亡)하고 자손 역시 단명(短命)한다. 반대방향으로 물길이 흘
러 <곤신坤申> 방으로 나가면 가문(家門)이 멸망(滅亡)한다.

　(5) 경유(庚酉): 왕(旺) 방 수구————————————————————————⑤
　왼쪽의 물길이 오른쪽으로 돌아 <경유왕庚酉旺> 방으로 빠져나가면 가난하고
말년이 흉해진다. 반대방향으로 물길이 돌아서 <경유庚酉> 방으로 나가면 초년은
길해도 말년은 가난해진다.

　(6) 신술(辛戌): 쇠(衰) 방 수구————————————————————————⑥
　왼쪽 물길이 오른쪽으로 돌아서 <신술辛戌> 방으로 빠져나가면 단명하거나 재
산이 흩어져서 가난하다. 반대로 오른쪽에서 왼쪽으로 흘러 <신술辛戌> 방으로
나가도 같다.

　(7) 건해(乾亥): 병(病) 방 수구————————————————————————⑦
　물길이 왼쪽에서 오른쪽으로 흘러서 좌(坐)의 후방(後方)인 <건해乾亥> 방으로
빠져나가면 매사가 불길하여 흉하고 단명(短命)한다. 반대방향으로 물길이 흘러서

<건해乾亥> 방으로 나가면 평생 가난해진다.

(8) 임자(壬子): 사(死) 방 수구―――――――――――――――――――――⑧

물길이 오른쪽에서 왼쪽으로 흘러서 <임자사(壬子死)> 방으로 빠져나가면 단명(短命)하고 가난해진다. 반대방향으로 물길이 흘러 <임자壬子> 방으로 나가면 재산은 있으나 단명(短命)한다. 단 <자子> 방을 침범하지 말아야 한다.

(9) 계축(癸丑): 묘(墓) 방 수구―――――――――――――――――――――⑨

오른쪽의 물길이 왼쪽으로 흘러서 <계축묘(癸丑墓)> 방으로 나가면 정생향(正生向)으로서 가업이 흥하고 자손도 흥하여 오복을 누린다. 반대방향으로 흘러서 <계축癸丑> 방으로 나가면 흉하다.

(10) 간인(艮寅): 절(絶) 방 수구――――――――――――――――――――⑩

오른쪽 물길이 왼쪽으로 흘러서 <간인艮寅> 방으로 빠져나가면 가난하고 단명하게 된다. 반대로 물길이 흘러서 <간인艮寅> 방으로 나가면 자손형제(子孫兄弟)가 부덕(富德)하다.

(11) 갑묘(甲卯): 태(胎) 방 수구―――――――――――――――――――――⑪

오른쪽의 물길이 오른쪽으로 돌아서 <갑묘甲卯> 방으로 빠져나가면 초년(初年)에는 길(吉)하나 말년(末年)에는 흉(凶)하다. 반대방향으로 물길이 흘러서 <갑묘甲卯> 방으로 나가면 평생 가난하다.

(12) 을진(乙辰): 양(養) 방 수구―――――――――――――――――――――⑫

오른쪽 물길이 왼쪽으로 돌아서 <을진乙辰> 방으로 나가면 자생향(自生向)으로 부귀장수(富貴長壽)하고 만사대길(萬事大吉)하게 된다. 반대로 물길이 흘러서 <진辰> 방을 침범하지 않고 <을乙> 방을 나가도 같다.

IV

용맥(龍脈)의 측정과 이해

Ⅳ. 용맥(龍脈)의 측정과 이해

1. 용맥(龍脈)을 측정하려는 목적

　용맥을 측정하는 방법은 주산(主山)에서 뻗어 내려오는 산맥, 즉 용의 정맥이 주산에서 뻗어내려 오다가 주룡(主龍)의 혈장 입구인 입맥결지(入脈結地)를 함에 앞서 나침반의 지반정침 24방위 중 어느 방위 선상으로 주맥이 내려오는가를 최종적으로 가늠하는 것이다.

용맥(龍脈)도 천간(天干)과 지지(地支)가 각각 음양으로 배합된 쌍산오행(雙山五行)에 따라 <임자(壬子)>·<계축(癸丑)>·<간인(艮寅)>·<갑묘(甲卯)>·<을진(乙辰)>·<손사(巽巳)>·<병오(丙午)>·<정미(丁未)>·<곤신(坤申)>·<경유(庚酉)>·<신술(辛戌)>·<건해(乾亥)>의 12방위에 배속시키므로 용맥(龍脈)을 측정하려면 천간(天干)과 지지(地支)의 종합된 간지(干支)가 배합되어 그 중심 선상으로 용맥이 뻗어야 대길(大吉)하다. 이것을 배합용(配合龍)이라고 한다.

1) 용의 배합에서 오는 결과

① 귀한 용으로 여기는 4방위(貴龍四方位)

귀한 용으로 여기는 넷 방위란 <임자(壬子)>·<병오(丙午)>·<갑묘(甲卯)>·<경유(庚酉)>인 천간(天干)과 지지(地支)가 북·남·동·서(北南東西)의 <자·오·묘·유(子午卯酉)>의 4방으로 용맥(龍脈)의 중심선이 뻗어 와야 귀용(貴龍)이 되고, 이 방위로 흐름이 거듭될수록 자손들의 관직(官職)이 높아 귀(貴)하게 된다는 것이다. 다시 말해서, 용(龍)의 중심선(中心線), 즉 <임壬과 자子>의 가운데 선(線), <병丙과 오午>의 가운데 선, <갑甲과 묘卯>의 가운데 선, <경庚과 유酉>의 가운데 선을 말한다.

이것을 아래 그림에서 잘 살펴보도록 하자.

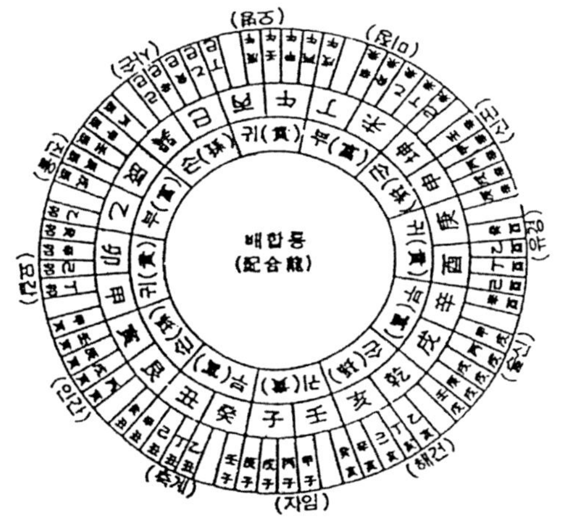

② 부유해진다는 용의 4방위(富龍四方位)

부(富)한 용(龍)으로 여기는 넷 방위란 4土에 해당되는 <진·술·축·미(辰戌丑未)> 4고(四庫)에 천간을 배합한 <을진乙辰>·<신술辛戌>·<정미丁未>·<계축癸丑>의 4방위를 중심선으로 용맥(龍脈)이 흐르는 것이다. 이 방위로 흐름이 거듭될 수록 자손의 부(富)가 커진다.

③ 자손이 번성해진다는 용의 4방위(孫龍四方位)

자손이 번창해진다는 용의 넷 방위란 <인·신·사·해(寅申巳亥)> 4생지(四生地)에 천간이 배합된 <간인·곤신·손사·건해(艮寅·坤申·巽巳·乾亥)>이다. 손용 4방위(孫龍四方位)로 흐름이 거듭될 수록 자손이 번창(繁昌)해지고 장수(長壽)한다. 이상 배합용(配合龍)의 길흉은 용맥이 굽이굽이 흘러와도 천간과 지지가 배합된 중심선상으로 흐르면 길(吉)하나 그렇지 않고 이 흐름을 벗어나면 불길(不吉)하다는 것으로 집약된다.

2) 용의 불배합(不配合)에서 오는 결과

불배합용은 천간(天干)과 지지(地支)가 쌍산오행(雙山五行)으로 배합되지 않은 <해임亥壬>·<자계子癸>·<축간丑艮>·<인갑寅甲>·<묘을卯乙>·<진손辰巽>·<사병巳丙>·<오정午丁>·<미곤未坤>·<신경申庚>·<유신酉辛>·<술건戌乾>의 12방위이다. 이 불배합용은 용맥이 쌍산오행 중심선상으로 흐르지 못하고 중심선을 벗어나 타 방위를 침범한 것으로써 다음과 같은 악성(惡性)이 발현(發現)된다.

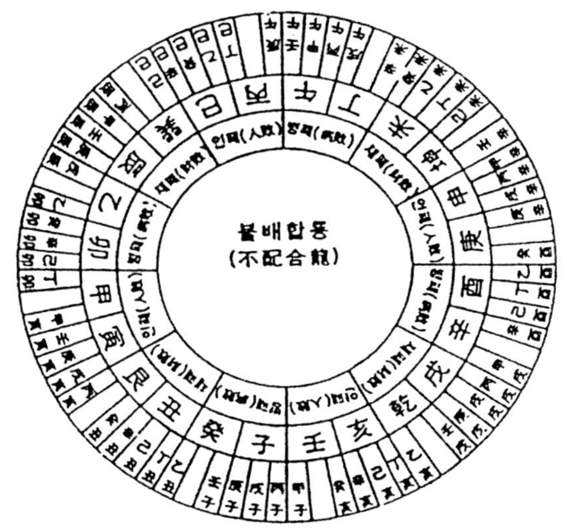

① 인간이 멸망한다는 용(龍)의 4방위

<해임(亥壬)>·<인갑(寅甲)>·<사병(巳丙)>·<경신(庚申)>이다. 이 용맥(龍脈)은 절맥(絶脈)이 거듭될 수록 병이나 참사의 사고가 발생하여 가문이 멸망한다.

② 질병으로 고통을 받는 용(龍)의 4방위

<자계(子癸)>·<묘을(卯乙)>·<오정(午丁)>·<유신(酉辛)>이다. 이 방위는 손재를 당하거나 파산을 하여 가산(家産)을 탕진(蕩盡)하는 것으로 이 절맥(絶脈)이 거듭될 수록 피해가 크다.

③ 재산이 탕진되는 용(龍)의 4방위

<축간(丑艮)>·<진손(辰巽)>·<미곤(未坤)>·<술건(戌乾)>이다. 이 방위는 질병이 많고 불구자가 발생하는데 절맥(絶脈)이 거듭될 수록 패해가 크다.

3) 세 자리로 배합되는 용

삼자(三者) 배합용은 용맥(龍脈)의 중심선이 지지(地支)를 중심으로 양 천간(天干)이 합하여 다음 삼자의 중심선으로 흐르는 것을 말한다.

<임자계(壬子癸)>·<계축간(癸丑艮)>·<간인갑(艮寅甲)>·<갑묘을(甲卯乙)>·<을진손(乙辰巽)>·<손사병(巽巳丙)>·<병오정(丙午丁)>·<정미곤(丁未坤)>·<곤신경(坤申庚)>·<경유신(庚酉辛)>·<신술건(辛戌乾)>·<건해임(乾亥壬)>이다.

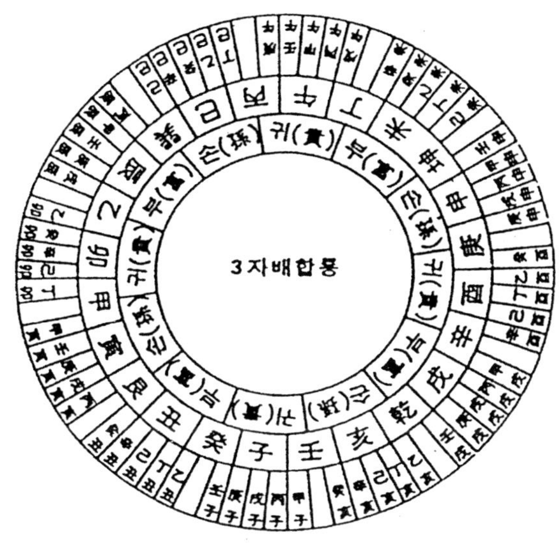

4) 세 자리로 배합될 수 없는 용(三字不配合龍)

세 개로 배합될 수 없는 용(龍)은 천간(天干)을 중심으로 양 지지(地支)가 합하여 삼자 중심으로 용맥(龍脈)이 흐르는 것을 말한다. 다음에 나오는 12개는 모두 삼자로 배합될 수 없는 용(龍)들이다. <자계축(子癸丑)>·<축간인(丑艮寅)>·<인갑묘(寅甲卯)>·<묘을진(卯乙辰)>·<진손사(辰巽巳)>·<사병오(巳丙午)>·<오정미(午丁未)>·<미곤신(未坤申)>·<신경유(申庚酉)>·<유신술(酉辛戌)>·<술건해(戌乾亥)>·<해임자(亥壬子)>이다.

❖ 배합용 여부는 내용, 즉 산맥의 큰 흐름을 볼 때 사용하고, 혈장에서 하관할 때는 72용맥(龍脈)과 투지60용을 선택해야 한다.

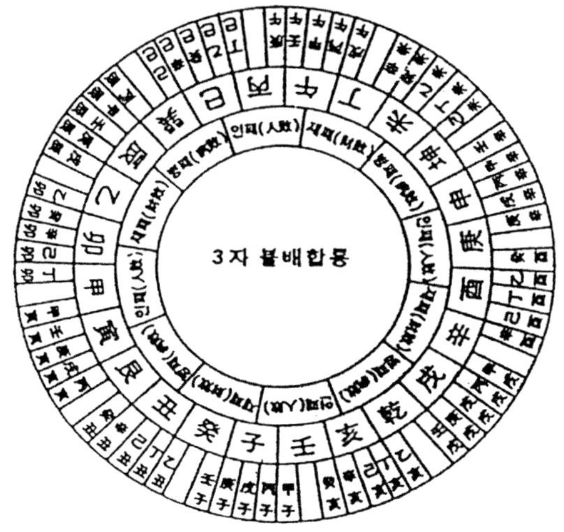

2. 용맥측정[龍脈測定]의 두 가지 실제

1) 자좌오향[子坐午向]과 축좌미향[丑坐未向]의 실제

(1) 자좌오향[子坐午向]의 예시

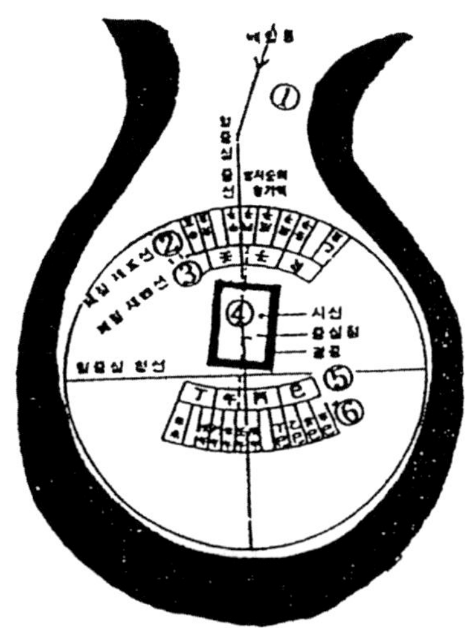

❖ 병자순 왕기맥(丙子旬 旺氣脈)으로 제5선 2의 <병자丙子>와 6선의 <임오壬午>를 나란히 연결하는 중심선(中心線)에 시신(屍身)을 안치한다.

(2) 축좌미향[丑坐未向]의 예시

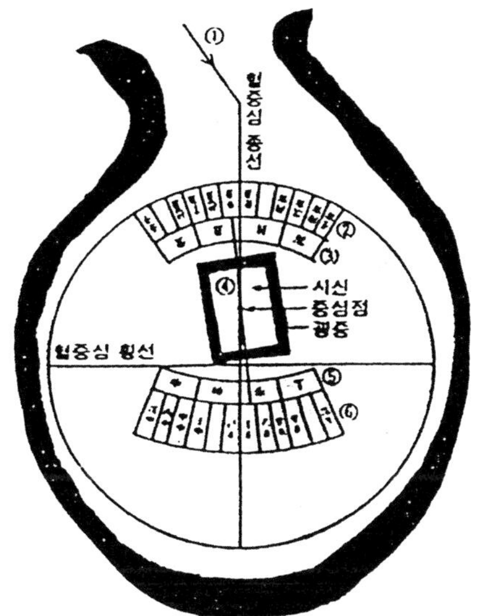

1. 내용(배합용)
2. 5층 천산 72용
3. 4층 지반정침
4. 시신
5. 앞면 지반정침
6. 앞면 천산 7

❖ 경자순(庚子旬) 생기맥(生氣脈)의 경우,

②의 신축(辛丑)과 ⑥의 정미(丁未)를 나란히 맞춘다. 용맥(龍脈)의 측정은 나침반 제5층의 <천산(穿山) 72용(龍)>을 기준으로 한다. ①의 혈 중심선은 배합용(配合龍)의 기준에 따르고, ②의 분금은 천산 72용의 길흉(吉凶)에 의하며 ③은 정침 24산을 표시한다. ④는 시신의 위치이며, ⑤ ⑥은 나침반 앞쪽의 방위이다.

2) 나침반 5층에서 천산 72용[穿山七十二龍]

① 갑자 자리에서 열흘 기간(甲子旬): 찬 기운을 주는 맥(冷氣脈)

나침반 제5층 천산(穿山) 72용 중에서 각 좌로 흐르는 <갑자甲子>·<을축乙丑>·<병인丙寅>·<정묘丁卯>·<무진戊辰>·<기사己巳>·<경오庚午>·<신미辛未>·<임

신壬申>·<계축癸酉>·<갑술甲戌>·<을해乙亥>의 12개 용맥(龍脈)이며 흉(凶)이 많고 길(吉)함이 적다. 즉 <갑자甲子>·<기사己巳>·<갑술甲戌>·<을해乙亥> 4맥은 흉격(凶格)이고 기타 8개의 용맥(龍脈)은 길흉(吉凶)이 상반(相半)된다.

② 병자 자리에서 열흘 기간(丙子旬): 왕성한 기운을 주는 맥(旺氣脈)

나침반 제5층 천산(穿山) 72용 중에서 각 좌로 흐르는 <병자丙子>·<정축丁丑>·<무인戊寅>·<을묘己卯>·<경진庚辰>·<신사辛巳>·<임오壬午>·<계미癸未>·<갑신甲申>·<을유乙酉>·<병술丙戌>·<정해丁亥>의 12개 용맥(龍脈)으로 모두 길격(吉格)에 해당된다.

③ 무자 자리에서 열흘 기간(戊子旬): 氣가 敗해 가는 맥(敗氣脈)

나침반 천산(穿山) 72용 중에서 각 좌로 흐르는 <무자戊子>·<을축己丑>·<경인庚寅>·<신묘辛卯>·<임진壬辰>·<계사癸巳>·<갑오甲午>·<을미乙未>·<병신丙申>·<정유丁酉>·<무술戊戌>·<기해己亥>의 12개 용맥인데, 이 용맥은 "거북이가 죽으면 속살이 썩고 없어 등껍질만 남아 허망하다는 것(구갑공망龜甲空亡)"이라 하여 대흉하다고 하였다.

④ 경자 자리에서 열흘 기간(庚子旬): 생기와 활기를 주는 맥(生氣脈)

나침반 제5층 천산(穿山) 72용 중에서 각 좌로 흐르는 <경자庚子>·<신축辛丑>·<임인壬寅>·<계묘癸卯>·<갑진甲辰>·<을사乙巳>·<병오丙午>·<정미丁未>·<술신戊申>·<기유己酉>·<경술庚戌>·<신해辛亥>,의 12용맥인데 모든 용맥이 길격(吉格)이므로 모두 다 사용할 수 있다.

⑤ 임자 자리에서 열흘 기간(壬子旬): 기(氣)가 마지막으로 물러가는 맥(退氣脈)

나침반 제5층 천산(穿山) 72용 중에서 각 좌로 흐르는 <임자壬子>·<계축癸丑>·<갑인甲寅>·<을묘乙卯>·<병진丙辰>·<정사丁巳>·<무오戊午>·<기미己未>·<경신庚申>·<신유辛酉>·<임술壬戌>·<계해癸亥>의 12龍이다. 이 중에서 <계축癸

丑>·<갑인甲寅>·<을묘乙卯>·<병진丙辰>·<기미己未>·<경신庚申>·<임술壬戌> 등 7개 용맥은 흉맥(凶脈)이고, 기타 5개 용맥은 길흉상반(吉凶相半)으로 가려서 사용할 수 있다.

3) 나침반 7층의 투지 60용[透地六十龍]에서 오는 길흉

양공(楊公)의 오기론(五氣論)은 나침반7층의 투지 60용에도 똑같이 적용되므로 투지60용의 길흉비결을 그의 『나경투해』에서 인용하면 다음과 같다.

(1) 갑자기(甲子氣)

칠임삼해[七壬三亥: 임일(壬日)의 7일과 해일(亥日)이 3일]로, 소착(小錯)이라서 갑자기(甲子氣)로 인해 빔 관(沖棺)이 되면 황종(黃腫: 누런 종기나 부스럼)·풍벽(瘋癖: 두풍과 적취병)·나라(羅癩: 약물 중독자나 문둥병)가 나타나며, 여자는 벙어리, 남자는 약물중독자가 나온다. 만약, 병상수가 관(棺)에 침입하면 안으로 물이 고이고 관(官)의 소송과 구설이 <사巳>·<유酉>·<축丑>년에 나타난다.

(2) 병자기(丙子氣)

정임용(正壬龍)으로 대길창성하며 식구가 늘고 재산이 늘어나며 반드시 부귀쌍전(富貴雙全) 해 모든 일에 더욱 길상이 일어난다. 만약 <미未>·<곤坤> 수(水)를 보면 관곽내외(棺槨內外)에는 작은 연못이 된다. <갑申>·<자子>·<진辰>·<사巳>·<유酉>·<축丑>년에 그 감응이 나타난다.

(3) 무자기(戊子氣)

오자오임(五子五壬: 子日에 5일과 壬日에 5일)의 기(氣)라서 불구덩이다. 풍류가와 패륜아가 나온다. 나무뿌리가 관을 뚫고 흰개미가 성하다. 만약, <손巽> 방 수(水)가 함께하면 물이 서서히 스며들어 진창이 된다. <인寅>·<오午>·<술戌>년에 그 감응이 나타난다.

(4) 경자기(庚子氣)

정자룡(正子龍)이라서 부귀쌍전(富貴雙全)하고 복(福)이 내려 인재, 재물, 가축이 성하며 <신申>·<자子>·<진辰>년에는 풍성해진다. 만약, <손巽> 방 수(水)를 보면 관(棺) 내의 진창수를 막을 수가 없다.

(5) 임자기(壬子氣)

칠자삼계(七子三癸: 子日에 7일과 癸日에 3일)의 양인살(羊刃殺)이라서 젊은이는 죽고 도둑을 부르며 처는 없어지고 자식도 죽는 화를 당하는 일이 많다. <신辛>·<자子>·<진辰>년에 그 감응이 나타나며, <경庚>·<신辛> 수(水)를 보면 관(棺)내는 동물이 파고 집을 짓는다.

(6) 을축기(乙丑氣)

칠계삼자(七癸三子: 癸日에 7일과 子日에 3일)로서 장정이 왕성하고 의식이 풍족하며 부귀(富貴)한다. 만약에 <오午>·<정丁> 수(水)를 보면 관(棺)내 5촌 깊이로 흙탕물이 넘치고 <기己>·<유酉>·<축丑>년에 그 감응이 온다.

(7) 정축기(丁丑氣)

정계룡(正癸龍)에 태어난 사람마다 총명하고 영리하며, 부귀가 유장하고 모든 일이 즐겁게 이뤄진다. 만약, <미未> 방 수(水)를 보면 관내에 못이 생긴다. <신申>·<자子>·<진辰>년에 그 감응이 나타난다.

(8) 기축기(己丑氣)

오축오계(五丑五癸: 丑日에 5일과 癸日에 5일)로서 흑풍(黑風)이 된다. 여자는 요염하고 남자는 약물중독자가 되어 만사가 흉하다. 품질이 참혹하고 실패의 아픔이 있다. <해亥> 방 수(水)를 보면 우물에 벌레와 개미가 들끓고 <인寅>·<오午>·<술戌>년에 그 감응이 나타나며 물로 인하여 불구덩이에 들어가게 된다.

(9) 신축기(辛丑氣)

정축룡(正丑龍)이라 30대에 부귀하고 크게 흥융한다하여 사람이 왕성하며 모든 일이 길하고 충효와 우애가 깊다. 만약 <인寅> 상에서 물을 보면 광중에 물이 스며든다.

(10) 계축기(癸丑氣)

칠축삼간(七丑三艮: 丑日에 7일과 艮日에 3일)으로 고허(孤虛)를 범하였기 때문에 장사 후에 관재(官災)가 꼭 따르고, 모든 일이 뜻대로 안되고 두루 흉하며, 구설이 있고 재물이 기울어 끝내는 실패한다. <해亥>·<묘卯>·<미未>년에 감응하며 <간艮> 방으로 나무뿌리가 관(棺)을 뚫는다.

(11) 병인기(丙寅氣)

칠간삼축(七艮三丑: 艮日에 7일과 丑日에 3일)으로 혈은 보통이나 발복하여도 오래 가지 못하며, 모든 일이 보통과 같다. <인寅>·<오午>·<술戌>년에 그 감응이 있고 만약, <해亥> 방 수(水)를 보면 관(棺)에 물이 고인다.

(12) 무인기(戊寅氣)

정간룡(正艮龍)으로 부귀영화를 대대로 누리고 <신申>·<자子>·<진辰>년에 등과하며, 모든 일이 길상이다. 그러나 <묘卯> 방 수(水)가 관에 미치면 대단히 흉하다.

(13) 경인기(庚寅氣)

오간오인(五艮五寅: 艮日에 5일과 寅日에 5일)으로 고허(孤虛)라서 불덩이와 흑풍, 공망이 되어 장사 후 3, 6, 9년에 풍질이 생기고 인륜패절(人倫敗絶)이 크게 일어난다. <신辛> 방 수(水)를 보면 우물에서 흙탕물이 나온다.

(14) 임인기(壬寅氣)

정인룡(正寅龍)은 부귀하고 인물과 재물이 풍족하며 농토를 넓히고 복이 장구하다.

<사巳>·<유酉>·<축丑>년에 감응이 오고 <오午> 방 수(水)를 보면 관이 진창에 잠긴다.

(15) 갑인기(甲寅氣)

칠인삼갑(七寅三甲: 寅日이 7일과 甲日이 3일)으로 평온하나, 일대는 흥하고 발전하며 후대에는 눈병이 잦고, <곤坤> 방 수(水)를 보면 관(棺)을 흰개미가 헤친다.

(16) 정묘기(丁卯氣)

칠갑삼인(七甲三寅: 甲日이 7일과 寅日이 3일)이라 사람은 평범하나 주색에 표류하고 게으르다. <인寅>·<오午>·<술戌>년에 감응이 있고, <해亥> 방 수(水)를 꺼리니 많은 물이 고인다.

(17) 기묘기(己卯氣)

정감용(正甲龍)은 사람과 재물이 다 왕성하고 매사가 길하다. 만약 <손巽> 방 수(水)를 보면 늙은 쥐가 관(棺)을 뚫는다. <신申>·<자子>·<진辰>년에 감응이 틀림없이 온다. 또한 자식이 어버이를 슬퍼하여 가슴앓이를 한다.

(18) 신묘기(辛卯氣)

오신오묘(五辛五卯: 辛日의 5일과 卯日이 5일)로서 흑풍(黑風)이라 불덩이로 패전한다. 도둑이 난다. 삼(三) 방에서 먼저 사람이 절명(絶命)하고 나중에는 여러 방향으로 미치는데 관재(官災)가 나고 흉사(凶事)가 거듭된다. 만약 <경庚>·<신申> 수(水)를 보면 물이 일척(一尺)정도 범람하여 이장(移葬)을 하지 않으면 사람과 재물이 양면으로 패하여 영원히 종적이 없게 된다.

(19) 계묘기(癸卯氣)

정묘용(正卯龍)이라서 부귀쌍전(富貴雙全)하고 낳은 인물이 총명하여 농토가 불어나고 만사가 길하며 편안하다. 만약 <사巳> 방 수(水)를 보면 나무뿌리가 틀림없이 관을 뚫는다. <사巳>·<유酉>·<축丑>년에 감응이 있게 된다.

(20) 을묘기(乙卯氣)

삼을칠묘(三乙七卯: 乙日의 3일과 卯日이 7일)로서 과부가 나오고 패절(敗絶)하며 요절(夭折: 젊었을 때 죽음)하고 후대에는 허리가 굽거나 다리가 굽은 자손이 나온다. 마침내 대를 잇기조차 어렵게 된다. 또 <술戌> 방 수(水)를 보면 우물에 더러운 물이 가득하다.

(21) 무진기(戊辰氣)

칠을삼묘(七乙三卯: 乙日이 7일이고 卯日이 3일)로서 부귀장수하고 자손은 유지된다. 만약에 <신申>·<유酉> 수(水)를 보면 관(棺)내에 벌레가 산다. <사巳>·<유酉>·<축丑>년에 감응이 온다.

(22) 경진기(庚辰氣)

정을용(正乙龍)이라서 뛰어난 사람을 낳고, 발복(發福)이 끊임없으며 7대 부귀(富貴)에 뛰어난 출세를 한다. <해亥>·<묘卯>·<미未>년에 감응이 있으나 <정丁> 방 수(水)를 보면 대흉하다.

(23) 임진기(壬辰氣)

오진오을(五辰五乙: 辰日이 5일이고 乙日이 5일)로서 흑풍(黑風)이라 불덩이가 되어 패절(敗絶)함이 가장 빠르다. 구설(口舌)과 관송(官訟)이 극심하고 젊은이가 죽는다. 이장(移葬)하면 그 화를 면하여 화평해진다. 만약 <술戌> 방 수(水)를 보면 관(棺)내에 물이 고인다.

(24) 갑진기(甲辰氣)

정진용(正辰龍)으로서 75년 부귀가 넉넉해진다. 만약 <자子>·<계癸> 수(水)를 보면 우물에 흙탕물이 스며든다.

(25) 병진기(丙辰氣)

칠진삼손(七辰三巽: 辰日이 7일이고 巽日이 3일)으로 의식은 평온하나 외손(外孫)이 발복(發福)하고 집안에 쓸모없는 일만 불러들이며 후대에 패절(敗絶)한다. <신辛>·<자子>·<진辰>년에 그 감응이 있다. 만약 <인寅>·<신申> 수(水)를 만나면 나무 뿌리가 관(棺)을 뚫어 망인이 불안하다.

(26) 기사기(己巳氣)

칠손삼진(七巽三辰: 巽日이 7일이고 辰日이 3일)으로 부귀가 고루 공평하다. <해亥>·<묘卯>·<미未>년에 감응이 있다. 만약에 <건乾> 수(水)를 보면 시골(屍骨)이 진흙덩이에 든다.

(27) 계사기(癸巳氣)

오사오손(五巳五巽: 巳日이 5일이고 巽日이 5일)으로 흑풍(黑風)이라는 불덩이로 패절(敗絶)하고 만사가 흉하다. 장사(葬事) 후 5, 7년에 늙은이와 가축이 흩어진다. 만약에 <축丑> 방 수(水)를 보면 늙은 쥐가 관속에 집을 짓고 공략한다.

(28) 을사기(乙巳氣)

정사룡(正巳龍)으로 부귀영화와 강복(降福)이 크게 흥(興)해진다. <인寅>·<오午>·<술戌>년에 감응이 있고, <계癸> 수(水)가 다가오면 관(棺)에 흙탕물이 봉해진다.

(29) 정사기(丁巳氣)

칠사삼병(七巳三丙: 사일이 7일이고 병일이 3일)으로서 3년, 7년에 구설이 생긴다. 만약에 <묘卯> 수(水)가 내관(內棺)하면 내외에 물이 침범한다.

(30) 신사기(辛巳氣)

정손용(正巽龍)으로 부귀영화가 종중에 머무른다. <사巳>·<유酉>·<축丑>년에 그 복의 감응이 틀림없다. <오午>·<정丁> 수(水)가 다가오는 것을 꺼린다.

(31) 경오기(庚午氣)

칠병삼사(七丙三巳: 丙日이 7일이고 巳日이 3일)로서 사람은 흥하고 재물이 왕성해지는 요목이 있다. 대대로 진전하고 길일(吉日)이 많으며 <신申>·<자子>·<진辰>년에 그 감응이 있게 된다. 꺼리는 것은 <갑甲>·<인寅> 수(水)로서 이를 보면 진창이 되고 성인이 상한다.

(32) 임오기(壬午氣)

정병용(正丙龍)으로 부귀쌍전(富貴雙全)하고 영웅(英雄)이 나오며 37대에 걸쳐 사람이 왕성하고 상서(祥瑞)로운 별과 경사(慶事)스런 구름과 같은 영광(光榮)이 주어진다. <신申> 방 수(水)를 꺼리니 이를 보면 우물 안에 흙탕물이 괴어서 흉하다.

(33) 갑오기(甲午氣)

오병오오(五丙五午: 丙日의 5일과 午日이 5일)로 불덩이라서 <사巳>·<유酉>·<축丑>년에 가세(家勢)가 기울고 <오午>·<정丁> 수(水)를 보면 관(棺)밑이 붕괴된다.

(34) 병오기(丙午氣)

정오용(正午龍)으로 가업이 평범하며 출생한 사람이 총명하다. 꾀하는 일이 달성되고 모든 일에 길함이 있다. <신申>·<자子>·<진辰>년에 감응이 있다. 만약에 <축丑>·<간艮> 수(水)를 보년 흙탕물이 관(棺) 안에 든다.

(35) 무오기(戊午氣)

칠오삼정(七午三丁: 午日에 7일과 丁日에 3일)으로 관가의 소송과 구설이 분분하나 사람만은 평범하다. <자子>·<계癸> 수(水)를 보면 불리하다. <인寅>·<오午>·<술戌>년에 감응이 온다.

(36) 신미기(辛未氣)

정칠오삼(丁七午三: 丁日에 7일과 午日에 3일)으로 출생한 사람이 빼어나고 성품은

뇌성이 울리는 것 같고 큰 부자가 된다. 만약에 <오午> 방 수(水)를 보면 관(棺)내
에 나무뿌리가 뻗는다.

(37) 계미기(癸未氣)

정정용(正丁龍)으로 출생한 사람이 부귀하고 장수한다. 만약에 <경庚> 방 수(水)
를 보면 망인재액(亡人災厄)이라 하여 흉하며 <해亥>·<묘卯>·<미未>년에 감응이
온다.

(38) 을미기(乙未氣)

오정오미(五丁五未: 丁日이 5일이며 未日이 5일)로 고허(孤虛)를 범하는 불덩이라
패절(敗絶)한다. 만약에 <사巳> 수(水)가 오는 것이 보이면 시골에 물이 잠긴다.
<사巳>·<유酉>·<축丑>년에 감응이 있게 된다.

(39) 정미기(丁未氣)

정미용(正未龍)으로 부귀를 장구하게 누리고 <신申>·<자子>·<진辰>년에 그 감
응이 틀림없이 있게 된다. 그러나 <인寅>·<오午>·<술戌>년에는 흉하다. 만약에
<축丑>·<간艮> 수(水)를 보면 관(棺)이 진창에 든다.

(40) 기미기(己未氣)

칠미삼곤(七未三坤: 未日이 7일이고 坤日이 3일)으로 고허(孤虛)가 되어 재앙과 재
물이 물러가고 <인寅>·<오午>·<술戌>년에 미치광이가 나오고 <해亥>·<임壬>
수(水)를 보면 악인을 만나거나 어린애의 횡사가 반드시 있게 된다.

(41) 임신기(壬申氣)

칠곤삼미(七坤三未: 坤日이 7일이고 未日이 3일)로서 재산을 파하고 불치병까지 들
어서 탄식하게 된다. <사巳>·<유酉>·<축丑>년에 그 감응이 있고, 만약 <오午>
방 수(水)를 보면 관(棺) 내에 물이 많이 비친다.

(42) 갑신기(甲申氣)

정곤용(正坤龍)으로 출생한 사람으로 총명하여 부귀쌍전(富貴雙全)한다. <신申>·
<자子>·<진辰>년에 반드시 감응이 와서 대대로 즐거움을 누린다. 만약에 <간
艮>·<유酉> 수(水)를 보면 관 내에 빗물이 들어 흉하다.

(43) 병신기(丙申氣)

신오곤(五申五坤: 申日이 5일이고 坤日이 5일)으로 흑풍이며 불덩이라서 패절하고
빈궁함이 말할 수 없게 된다. <자子>·<계癸> 수(水)를 보면 우물물이 흐려서 흉
하다.

(44) 무신기(戊申氣)

정신용(正申龍)으로 출생한 사람이 총명하고 장수하며 부귀쌍전한다. <갑甲> 방
수(水)를 보면 관(棺)내에 물이 괸다.

(45) 경신기(庚申氣)

칠신삼경(七申三庚: 申日이 7일이고 庚日이 3일)으로 고허(孤虛)라서 과부가 많게
된다. <건乾> 방 수(水)를 보면 망인이 핍박을 받는다.

(46) 계유기(癸酉氣)

칠경삼신(七庚三申: 庚日이 7일이고 申日이 3일)으로 부귀하고 사람과 재물이 피어
나고 장수한다. 만약에 <정丁> 방 수(水)를 보면 관(棺)내에 작은 연못이 된다.

(47) 을유기(乙酉氣)

정경용(正庚龍)으로 출생한 사람이 가장 총명하고 부귀하다. 만약에 <진辰> 수
(水)를 보면 물구덩이가 된다.

(48) 정유기(丁酉氣)

오경오유(五庚五酉: 庚日이 5일이고 酉日이 5일)이며 불덩이라서 만사가 이뤄지지 않고 사람이 끊어진다. 만약에 <계癸> 수(水)를 보면 관(棺)내에 물이 괸다.

(49) 기유기(己酉氣)

정유용(正酉龍)으로 문무(文武) 간에 삼공(三公)이거나 그에 가까운 벼슬이 있고 대대로 부귀가 풍성하다. <신申>·<자子>·<진辰>년에 감응이 있다. 만약에 <묘卯> 방 수(水)를 보면 관의 널빤지가 온전치 못하다.

(50) 신유기(辛酉氣)

칠유삼진(七酉三辰: 유일이 7일이고 진일이 3일)으로 부귀가 오래가며 사람과 재물이 왕성하다. <해亥>·<묘卯>·<미未>년에 그 감응이 있다. 만약에 <건乾> 수(水)가 관(棺)에 미치면 수심(愁心)이 심해진다.

(51) 갑술기(甲戌氣)

신칠삼유(辛七三酉: 신일이 7일이고 유일이 3일)로서 1대는 부귀가 피어나나 오래 가지 못하고 후에는 스님과 같은 수도승이 나온다. <인寅>·<오午>·<술戌>년에 고독하고 패절(敗絶)한다. 또 근심이 거듭된다. 만약에 <임壬> 방 수(水)를 보면 묘(墓)에서 기괴한 추태가 발생한다.

(52) 병술기(丙戌氣)

정신용(正申龍)으로 사람이 왕성하게 발전하고 소년에게는 등과(登科)가 나며 <신申>·<자子>·<진辰>년에 감응이 있다. 만약에 <갑甲>·<묘卯> 수(水)를 보면 나무뿌리가 관(棺)을 뚫는다.

(53) 무술기(戊戌氣)

오술오신(五戌五辛: 戌日이 5일이고 辛日이 5일)으로 고허를 범하여 불덩이로 패절한다. 사람마다 질병이 많고 젊은이가 죽으며 과부가 나거나 처자식이 손해 보는 등 흉사(凶事)가 겹친다. 만약에 <신申> 방 수(水)를 보면 관목(棺木)이 온전치 못하다.

(54) 경술기(庚戌氣)

정술용(正戌龍)으로 부귀영화와 먹을 것이 풍족하고 <사巳>·<유酉>·<축丑>년에는 즐거운 일이 생긴다. 36년간 총명한 사람이 난다. 만약에 <오午>·<정丁> 수(水)를 보면 관골(棺骨)이 진창에 잠긴다.

(55) 임술기(壬戌氣)

칠술삼건(七戌三乾: 戌日이 7일이고 乾日이 3일)으로 재물이 없고 어린애를 잃고 고향을 떠나 승려가 되기도 하고 처자식이 손해를 본다. 그 감응은 <신申>·<자子>·<진辰>년에 있게 된다. 만약에 <진辰>·<술戌> 수(水)를 보면 관 내에 물이 괸다.

(56) 을해기(乙亥氣)

칠건삼술(七乾三戌: 乾日이 7일이고 戌日이 3일)로 후손이 젊어서 죽고 과부가 많으며 미치광이·벙어리가 난다. <인寅>·<오午>·<술戌>년에는 쌍 곡소리가 나게 된다. 분궁(墳宮) 수(水)를 보면 관(棺) 내(內)에 흰개미가 생긴다.

(57) 정해기(丁亥氣)

정건용(正乾龍)으로 부귀가 크게 흥하고 의식이 풍족하며 <신申>·<자子>·<진辰>년에는 좋은 경사(慶事)가 많이 생겨난다. 다만, 두려운 것은 <손巽> 수(水)가 관(棺)에 미치는 것이므로 이럴 경우 물이 괴어 흉하다.

(58) 신해기(辛亥氣)

정해룡(正亥龍)으로 사람과 재물이 다 같이 왕성하여 발복(發福)이 서서히 내린다. 만약에 <오午>·<정丁> 수(水)를 보면 관(棺) 널빤지가 온전하지 못하므로 흉하다.

(59) 기해기(己亥氣)

오건오해(五乾五亥: 乾日이 5일이고 亥日이 5일)로서 흑풍(黑風)이라서 불덩이가 되어 패절(敗絶)한다. <신申>·<자子>·<진辰>·<인寅>·<오午>·<술戌>년에는 고향을 떠나고 기괴한 일이 생긴다. 만약에 <경庚>·<유酉> 수(水)를 보면 나무뿌리가 관(棺)을 뚫어 해를 본다.

(60) 계해기(癸亥氣)

칠해삼임(七亥三壬: 亥日이 7일이고 壬日이 3일)으로 벼슬을 누리고 사람들이 창성(昌盛)하며 발복(發福)이 오며 치열하다. <신申>·<자子>·<진辰>년에 그 감응이 있고, <진辰> 방 수(水)를 보면 관(棺) 내가 정결하지 못하다.

3. 길사 방위(吉砂方位)

길사방위는 혈장을 중심으로 전후좌우(前後左右) 각 방위에 해당되는 길사가 조안(朝案)을 비춰주면 대길속발(大吉速發)한다는 방위이다. 여기에는 ① 귀인(貴人), ② 정록(正祿), ③팔산천마(八山天馬), ④ 사국마(四局馬), ⑤ 삼길육수(三吉六秀)가 있다.

  ✽ 이 길사방위를 더 연구해보고 싶으면 사격(砂格) 등의 길흉(吉凶)은 옥룡자현묘비결(玉龍子玄妙秘訣)의 「성수성정편」을 참고하기 바람.

1) 귀인·8대 귀인방(貴人·八大貴人方)

귀인은 "귀인을 만난다"는 뜻으로서 이 방위에 길봉(吉峯)이 있으면 후손은 당대 발복(當代發福)한다는 것이다. 여기에서는 좌(坐)를 중심으로 측정하고자 한다.

  ① 갑좌(甲坐)--- 축미봉(丑未峯)

  ② 을좌(乙坐)---자신봉(子申峯)

  ③ 병정좌(丙丁坐)-----------------------------------해유봉(亥酉峯)

④ 임계좌(壬癸坐)--------------------------------------묘사봉(卯巳峯)

⑤ 경신좌(庚申坐)--------------------------------------오인봉(午寅峯)

2) 귀인 방위(貴人方位)

이 방위는 "좋은 일이 생긴다"는 방위로서 24좌의 각 방위마다 해당되는 방위에
귀인봉(貴人峯)이 있거나 묘지(墓地)에 관한 어떤 일을 할 때도 길(吉)하다는 방위이다.

❖ 이 귀인방위(貴人方位)는 용(龍)의 좌(坐)를 기준으로 측정한다.

① 갑산(甲山)----------------------------------축미봉(丑未峯)

② 을산(乙山)----------------------------------자신봉(子申峯)

③ 병정산(丙丁山)--------------------------해유봉(亥酉峯)

④ 임계산(壬癸山)--------------------------묘사봉(卯巳峯)

⑤ 경신산(庚申山)--------------------------오인봉(午寅峯)

⑥ 건산(乾山)----------------------------------축미묘봉(丑未卯峯)

⑦ 곤산(坤山)----------------------------------자신묘사봉(子申卯巳峯)

⑧ 간산(艮山)----------------------------------유해봉(酉亥峯)

⑨ 손산(巽山)----------------------------------인오봉(寅午峯)

⑩ 사산(子山)----------------------------------묘사봉(卯巳峯)

⑪ 축산(丑山)----------------------------------오인묘사봉(午寅卯巳峯)

⑫ 인산(寅山)----------------------------------축미유해봉(丑未酉亥峯)

⑬ 묘산(卯山)----------------------------------자신봉(子申峯)

⑭ 진산(辰山)----------------------------------자묘사봉(子卯巳峯)

⑮ 사산(巳山)----------------------------------오인해봉(午寅亥峯)

⑯ 오산(午山)----------------------------------해유봉(亥酉峯)

⑰ 미산(未山)----------------------------------자신해봉(子申亥峰)

⑱ 신산(申山)----------------------------------오인사묘봉(午寅巳卯峯)

⑲ 유산(酉山)---오인진봉(午寅辰峯)

⑳ 술산(戌山)---해유오인봉(亥酉午寅峯)

㉑ 해산(亥山)---축미묘사봉(丑未卯巳峯)

3) 정록방(正祿方)

정록방(正祿方)은 대길방(大吉方)으로서 관록(官祿)이나 재록(財祿)으로 출세하거나 부자가 된다는 방위이다. 이 방위를 찾을 때는 용맥(龍脈)의 최고봉이나 중앙에서 나침반을 놓고 방위를 살펴서 해당되는 방위를 가려내는 것이다.

다만 용맥(龍脈)의 길(吉)함과 국(局)에 합당해야만 발음(發蔭)한다.

정록방위표

산명	갑(甲)	을(乙)	병(丙)	정(丁)	경(庚)	신(辛)	임(壬)	계(癸)
정록	인(寅)	묘(卯)	사(巳)	오(午)	신(申)	유(酉)	해(亥)	자(子)

❖ 무기(戊己)는 토(土)이므로 중앙(中央)에 위치(位置)한다.

4) 사국마(四局馬)

4국마는 각 국별(局別)로 해당 방위에 산이 높고 아름다우면 속발(速發)하는 것인데, 이 마(馬)는 역마(驛馬), 귀인마(貴人馬)라고도 하며 후손이 외교관이 되거나 무역상으로 크게 발복(發福)한다.

4국마표

국명	신자진(申子辰):水	해묘미(亥卯未):木	인오술(寅午戌):火	사유축(巳酉丑):金
마(馬)	인방(寅方)	사방(巳方)	신방(申方)	해방(亥方)

5) 8산 천마방(八山天馬方)

8산 천마방(天馬方)은 해당되는 8개의 해당 방위에 수려하고 풍요로운 산이 있으면 장성(將星)이나 장관(長官)이 배출된다는 귀산(貴山)이다.

8산 천마방표

방위	묘(卯)	오(午)	유(酉)	자(子)	건(乾)	곤(坤)	간(艮)	손(巽)
마명 (馬名)	청총마 (靑聰馬)	적토마 (赤兎馬)	백룡마 (白龍馬)	오추마 (烏錐馬)	어사마 (御史馬)	재상마 (宰相馬)	장원마 (壯元馬)	안무마 (按舞馬)

6) 3길 6수방(三吉六秀方)

물이나 봉우리가 이 방위로 오면 길(吉)하다는 방위로서 3길(三吉)은 <해亥>·<진辰>·<경庚>이고, 6수(六秀)는 <간艮>·<병丙>·<손巽>·<신辛>·<유酉>·<정丁>이다.

7) 규봉(窺峰)과 길흉방위(吉凶方位)

"규봉(窺峰)"이라 함은 일명 "탐두사(探頭砂)"라 하여 작은 산이 작은 산이 큰 산 뒤에 숨어서 산 머리만 내어놓은 괴이한 산으로 마치 도둑이 담장 니머서 지켜보는 듯한 모양으로 흉사(凶事)를 의미한다. 이 규봉(窺峰)이 혈장을 향해 넘겨다보면 도적 자손이 나오거니 도둑을 맞는다. 혈장을 중심으로 주위를 살펴보아 다음 방위에 규봉(窺峰)이 있을 때 해당되는 길흉(吉凶)을 적용하면 다음과 같다.

① 임방(壬方)---임방은 무병장수로 길사가 된다.
② 자방(子方)---도둑이 늘고 손재가 생긴다.
③ 계방(癸方)---관재형옥(官災刑獄)과 도적자손이 우려된다.
④ 축방(丑方)---다병과 요수가 우려된다.

⑤ 간방(艮方)---관재구설(官災口舌)이 우려된다.

⑥ 인방(寅方)---재난이나 근심이 우려된다.

⑦ 갑방(甲方)---다병과 빈궁(貧窮)으로 염려된다.

⑧ 묘방(卯方)---다병과 빈궁이 염려된다.

⑨ 을방(乙方)---재난이 없다.

⑩ 진방(辰方)---재난이 없다.

⑪ 손방(巽方)---도벽이 있거나 가난하다.

⑫ 사방(巳方)---도벽이 있거나 가난하다.

⑬ 병방(丙方)---흉적자손(凶賊子孫)이 우려된다.

⑭ 오방(午方)---대죄옥사(大罪獄死)가 우려된다.

⑮ 정방(丁方)---현인부귀(賢人貴富)가 기약된다.

⑯ 미방(未方)---도벽관재(盜癖官災)가 우려된다.

⑰ 곤방(坤方)---다병빈한(多病貧寒)이 우려된다.

⑱ 신방(申方)---다병빈한(多病貧寒)이 우려된다.

⑲ 경방(庚方)---사람과 재산에 재앙이 염려된다.

⑳ 유방(酉方)---도둑을 당하거나 병질이 우려된다.

㉑ 신방(辛方)---손재가 염려된다.

㉒ 술(戌方)-----가난하고 도둑을 맞을 일이 염려된다.

㉓ 건방(乾方)---질병을 앓거나 가난하게 됨이 염려된다.

㉔ 해방(亥方)---재앙과 근심이 걱정이 있다.

8) 겁살 방위(劫殺方位)

겁살(劫殺)은 지리의 사법(砂法) 중에서 가장 흉하고 두려운 것으로서 이 방위에는
흉한 암석이 있거나 파열충사(破裂沖射) 등의 흉사가 혈장을 비추고 있다. 그러할 때
사람이 상하거나 관재(官災)의 재앙(災殃)이 우려되는 악살(惡殺)이다. 이 겁살도 진용
(眞龍)의 혈지(穴地)에서는 작용력이 없으나 사절용혈지(死絶龍穴地)에는 작용력이 크다.

① <인寅> 좌(坐)---<신申> 방(方)
② <계癸> 좌(坐)---<사巳> 방(方)
③ <간艮> 좌(坐)---<정丁> 방(方)
④ <갑甲> 좌(坐)---<병丙> 방(方)
⑤ <손巽> 좌(坐)---<계癸> 방(方)
⑥ <병丙> 좌(坐)---<신辛> 방(方)
⑦ <정丁> 좌(坐)---<인寅> 방(方)
⑧ <곤坤> 좌(坐)---<을乙> 방(方)
⑨ <경庚> 좌(坐)---<오午> 방(方)
⑩ <신辛> 좌(坐)---<축丑> 방(方)
⑪ <건乾> 좌(坐)---<묘卯> 방(方)
⑫ <을乙> 좌(坐)---<신申> 방(方)

⑬ <자子> 좌(坐)---<사巳> 방(方)
⑭ <축丑> 좌(坐)---<진辰> 방(方)
⑮ <인寅> 좌(坐)---<미未> 방(方)
⑯ <묘卯> 좌(坐)---<정丁> 방(方)
⑰ <사巳> 좌(坐)---<유酉> 방(方)
⑱ <오午> 좌(坐)---<유酉> 방(方)
⑲ <미未> 좌(坐)---<계癸> 방(方)
⑳ <신申> 좌(坐)---<계癸> 방(方)
㉑ <유酉> 좌(坐)---<인寅> 방(方)
㉒ <술戌> 좌(坐)---<축丑> 방(方)
㉓ <해亥> 좌(坐)---<을乙> 방(方)
㉔ <진辰> 좌(坐)---<미未> 방(方)

4. 4대국[木·火·金·水]과 합용[四大局合龍]

명당으로 꼽히는 세조의 광릉

4대국으로 꼽히는 세조광릉전면도

1) 국과 용의 합(局龍合一)에서 오는 길흉

합용(合龍)이란 용(龍)과 수(水)의 배합관계를 말한다. 이것을 무학대사는 "사대국 합용통규법(四大局合龍通竅法)"이라고 주장하였다. 우선 "4대국"이란 토(土)를 제외한 〈목木〉·〈화火〉·〈금金〉·〈수水〉의 4가지를 국(局)이라고 말한다. 이것을 보는 목적은 결국 혈(穴)자리를 둘러싼 국면이 "목(木)이냐" 또는 "화(火)냐", "금(金)이냐" 혹은 "수(水)냐" 하는 것으로서 좌향결정(坐向決定)을 하는 데 중요한 역할을 하게 된다.

다음에서 합용(合龍)의 관계를 이렇게 정의하고 있다.

① 화국(火局) = 을좌(乙坐)와 병좌(丙坐)가 서로 교섭하여 술좌(戌坐)와 함께 전진 함[乙丙交而趨戌]

② 수국(水局) = 신좌(辛坐)와 임좌(壬坐)가 모여 진좌(辰坐)로 귀고(歸庫:묘혈(墓穴) 함[辛壬會而娶辰]

③ 금국(金局) = 두[斗: 두양(斗陽)]와 우[牛: 우양(牛陰)]가 어울려 정좌(丁坐)와 경 좌(庚坐)의 기(氣)로 됨[斗牛納丁庚之氣]

④ 목국(木局) = 금양(金陽)이 양음(洋陰)을 거두어 들여 계좌(癸坐)와 갑좌(甲坐)로 화합함[金洋收癸甲之靈]

위의 4국 중에서 화국(火局)을 예를 들어 보면, "을병교이추술乙丙交而趨戌"이란 을병(乙丙)에서 술(戌)을 끌어내는 삼단논법과 같은 논리를 갖고 있다. 〈을乙〉의 음(陰) 〈목木〉과 〈병丙〉의 양(陽) 〈화火〉는 12포태법에서 〈생生〉·〈왕旺〉 묘(墓)가 서로 배합되어 부부관계와 같은 장소인 귀고(歸庫), 즉 묘(墓)로 돌아간다. 다시 말해서, 〈을乙〉은 12포태법에서 장생(長生)으로 〈오午〉이다. 이것은 동시에 〈병丙〉의 왕(旺)이다. 〈인寅〉은 〈병丙〉의 장생(長生)인 동시에 〈을乙〉의 왕(旺)이다. 그러므로 〈술戌〉은 〈을병乙丙〉인 동시에 귀고(歸庫:묘)가 되는 것이다.

이는 결론적으로 풍수지리학에서 〈국局〉과 〈용龍〉을 삼단논리에 두고 있다. 이것은 ① 용(龍)의 입수(入首)와 ② 수구처(水口處)의 길흉(吉凶)을 함께 보려는 것이다. 왜냐하면, 한 쪽으로만 성립되는 것은 세상에 아무것도 없다. 오직 <국국(局)>과 <용龍)>을 종합하여야만 실체의 존재성, 즉 인간에게는 길흉화복(吉凶禍福)을 헤아릴 수 있기 때문이다. 예컨대, 음양(陰陽)으로 말하면, 음(陰)으로 있는 [을乙·신辛·정丁·계癸]의 개체는 '용(龍)'이며 아내인 '부(婦)'가 된다. 그리고 양(陽)으로 있는 [병丙·임壬·경庚·갑甲]의 개체는 '국(向)'이며 '수(水)'라고 말하는 동시에 남편인 '부(夫)'가 되는 것이다. 그 다음 차례가 용(龍)과 국(局)을 알려면 나침반 제8층의 천반봉침을 보아서 국(局)의 물이 어디로 빠져나가는가를 헤아려야 한다. 그러므로 국(局)과 용(龍)을 잘 살펴야 한다.

❖ <계축癸丑>·<간인艮寅>·<갑묘甲卯> 등의 6개 방으로 나가면 금국(金局)이며, 정용(丁龍) 이것을 합하여 "금국정용(金局丁龍)"이라고 한다.

　<임자壬子>·<건해乾亥>·<신술辛戌> 등의 6개 방으로 나가면 이것을 "화국을용(火局乙龍)"이라고 한다.

　<정미丁未>·<곤신坤申>·<경유庚酉> 등의 6개 방으로 나가면 이것을 "목국계룡(木局癸龍)"이라고 한다.

　<을진乙辰>·<손사巽巳>·<병오丙午> 등의 6개 방으로 나가면 이것을 "수국신용(水局辛龍)"이라고 한다.

　용(龍)의 국(局)이 정해지면 그다음 12포태법을 이용하여 길흉화복을 인지해야 한다. 그것은 우(右)에서 좌(左)로 반시계방향으로 세어서 입수(入首: 산머리)가 <생生>·<대帶>·<관冠>·<왕旺>의 순서로 하면 대길(大吉)하나, <쇠衰>·<양養>의 입수(入首)는 길(吉)하지만, <병病>·<사死>·<묘墓>·<절絶>·<태胎>의 입수(入首)는 아무리 좋은 조건이라도 발복(發福)할 수가 없다. <욕浴>의 입수(入首)는 발복하였다가 금방 패한다. 향(向)의 길흉은 국(局)이 정해지면 좌(左)에서 우(右)인 시계방향으로 세어가며 하나의 국(局)에서 <양향養向>·<생향生向>·<왕향旺向>·<묘향墓向>·<사향死向>·<절향絶向>의 6개만 길(吉)하고 그 외 다른 향(向)은 흉(凶)하다는 것이다.

❖ 12포태법(胞胎法)의 진행: 양간(陽干)일 경우는 시계방향으로 진행하고, 음간(陰干)

일 경우는 반시계방향으로 진행함으로써 역행하는 셈이 된다.

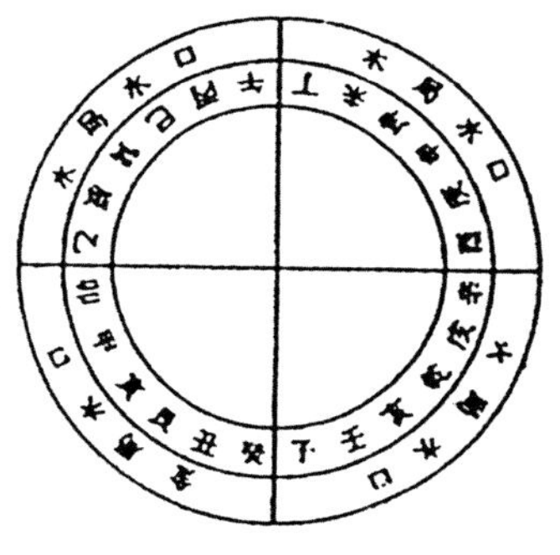

수국(水局)　＝　을진(乙辰), 근사(巽巳), 병오(丙午)
　　　　　　　　로 물이 나감

목국(木局)　＝　정유(丁未), 곤신(坤申), 경미(庚酉)
　　　　　　　　로 물이 나감

금국(金局)　＝　계축(癸丑), 간인(艮寅), 갑묘(甲卯)
　　　　　　　　로 물이 나감

화국(火局)　＝　신술(辛戌), 건해(乾亥), 임자(壬子)
　　　　　　　　로 물이 나감

이것을 원관통규법(元關通竅法)이라고 하는데 원(元)은 향(向)을, 관(關)은 용(龍)을, 규(竅)는 수(水)를 말한다. 향(向)으로서 용(龍)과 수(水)를 통과시켜 일고(一庫) 묘지(墓地)로 향귀(向歸)시킨다는 것이다.

❖ 4국 음(陰): 4국의 용(龍)으로 <을乙>·<정丁>·<신辛>·<계癸>는 음(陰)이므로 반시계방향으로 진행한다.4국 양(陽): 4국의 수(水)인 <병丙>·<임壬>·<경庚>·<갑甲>은 시계방향으로 진행한다. 시계방향으로 돌아가는 향(向)의 수법(水法)이나 반시계방향으로 돌아가는 산용(山龍)의 용법이나 결국 묘(墓)가 기준법이 되는데 수법(水法)상의 생(生)은 용법(龍法)상의 왕(旺)이요, 수법상의 왕(旺)은 용법상의 생(生)이 되는 것

❖ 용법(龍法)과 수법(水法)

용법이나 수법에는 각각 4개의 국이 있는데, <목국木局>·<화국火局>·<금국金局>·<수국水局>이 그것이다. 이 국이 정해지면 국에 따라서 12포태법도 같이 변함으로 이는 꼭 익혀야 하는 것들이다. 결국 국마다 <생生>·<왕旺>·<묘墓>가 각각 하나씩 따로따로 있음으로 국을 모르면 <생生>·<왕旺>·<묘墓>는 물론 어느 좌향(坐向)으로 입향(入向)해야 하는지 모르게 된다.

각국에 따라 사용할 수 있는 6개의 길(吉)한 방위를 표시하면 다음과 같다.

❖ 화국(火局): 병오(丙午)의 왕(旺), 간인(艮寅)의 생(生), 신술(辛戌)의 묘(墓), 계축(癸丑)의 양(養), 건해(乾亥)의 절(絶), 경유(庚酉)의 사(死).

❖ 수국(水局): 임자(壬子)의 왕(旺), 곤신(坤申)의 생(生), 을진(乙辰)의 묘(墓), 정미(丁未)의 양(養), 손사(巽巳)의 절(絶), 갑묘(甲卯)의 사(死).

❖ 금국(金局): 경유(庚酉)의 왕(旺), 손사(巽巳)의 생(生), 계축(癸丑)의 묘(墓), 임자(壬子)의 사(死), 간인(艮寅)의 절(絶), 을진(乙辰)의 양(養).

❖ 목국(木局): 갑묘(甲卯)의 왕(旺), 건해(乾亥)의 생(生), 정미(丁未)의 묘(墓), 신술(辛戌)의 양(養), 곤신(坤申)의 절(絶), 병오(丙午)의 사(死).

❏ 4장의 전체 요점정리

① 4국(4局): <목木>·<화火>·<금金>·<수水>

② 4수(4水): <병 丙>·<임壬>·<경庚>·<갑甲>

③ 4용(4龍): <을乙>·<정丁>·<신辛>·<계癸>는 모두 음(陰)이다.

이 음(陰)은 반시계 반대방향으로 12포태법이 입향(入向: 진행좌향)하므로 먼저 용(龍)의 국(局)을 알아야 하고, 국(局)을 알려면 수구(水口: 물이 빠져가는 방위)를 알아야 한다. 이것을 돕기 위해 "원관통규법(元關通竅法)"이 나오는데 이 법은 물이 빠져나가는 방위에서 역(逆)으로 어떤 국(局)인가와 어떤 용(龍)인가를 쉽게 알도록 도와주는 것이다. 그리고 각 국(局)마다 <생生>·<왕旺>·<묘墓>가 정해지면 수(水)는 12포태법이 시계방향인 <생生>·<욕浴>·<대帶>·<관冠>·<왕旺>·<쇠衰>·<병丙>·<사死>·<묘墓>·<절絶>·<태胎>·<양養> 순으로 진행한다. 반면에 용(龍)은 반시계방향으로 <양養>·<태胎>·<절絶>·<묘墓>·<사死>·<병病>·<쇠衰>·<왕旺>·<관冠>·<대帶>·<욕浴>·<생生>으로 역행한다.

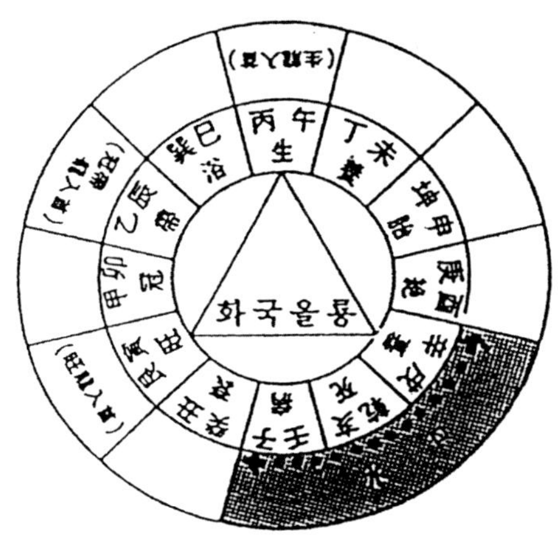

5. 오행에서 생기 있고 왕성한 방향[五行生旺方]

오행(五行)의 생왕(生旺) 방이라 함은 3합에 따라서 각국별 방위에 따른 12포태법상 생왕(生旺) 방이 결정되는데 이를 나타내면 다음과 같다.

1) 목국(木局)

12포태법	생(生)	욕(浴)	대(帶)	관(冠)	왕(旺)	쇠(衰)	병(病)	사(死)	묘(墓)	절(絶)	태(胎)	양(養)
방위	건해 (乾亥)	임자 (壬子)	계축 (癸丑)	간인 (艮寅)	갑묘 (甲卯)	을진 (乙辰)	손사 (巽巳)	병오 (丙午)	정미 (丁未)	곤신 (坤申)	경유 (庚酉)	신술 (辛戌)

❖ <생生>·<왕旺>·<묘墓> ⇨ <건해乾亥>·<갑묘甲卯>·<정미丁未>를 합하여 3합목국(三合木局)이라 한다.

2) 화국(火局)

12포태법	생(生)	욕(浴)	대(帶)	관(冠)	왕(旺)	쇠(衰)	병(病)	사(死)	묘(墓)	절(絶)	태(胎)	양(養)
방위	간인 (艮寅)	갑묘 (甲卯)	을진 (乙辰)	손사 (巽巳)	병오 (丙午)	정미 (丁未)	곤신 (坤申)	경유 (庚酉)	신술 (辛戌)	건해 (乾亥)	임자 (壬子)	계축 (癸丑)

❖ <생生>·<왕旺>·<묘墓> ⇨ <간인艮寅>·<병오丙午>·<신술辛戌>를 합하여 3
합화국(三合火局)이라 한다.

3) 금국(金局)

12포태법	생(生)	욕(浴)	대(帶)	관(冠)	왕(旺)	쇠(衰)	병(丙)	사(巳)	묘(墓)	절(絶)	태(胎)	양(養)
방위	손사 (巽巳)	병오 (丙午)	정미 (丁未)	곤신 (坤申)	경유 (庚酉)	신술 (辛戌)	건해 (乾亥)	임자 (壬子)	계축 (癸丑)	간인 (艮寅)	갑묘 (甲卯)	을진 (乙辰)

❖ <생生>·<왕旺>·<묘墓> ⇨ <손사巽巳>·<경유庚酉>·<계축癸丑>를 합하여 3
합금국(三合金局)이라 한다.

4) 수국(水局)

12포태법	생(生)	욕(浴)	대(帶)	관(冠)	왕(旺)	쇠(衰)	병(病)	사(死)	묘(墓)	절(絶)	태(胎)	양(養)
방위	곤신 (坤申)	경유 (庚酉)	신술 (辛戌)	건해 (乾亥)	임자 (壬子)	계축 (癸丑)	간인 (艮寅)	갑묘 (甲卯)	을진 (乙辰)	손사 (巽巳)	병오 (丙午)	정미 (丁未)

❖ <생生>·<왕旺>·<묘墓> ⇨ <곤신坤申>·<임자壬子>·<을진乙辰>를 합하여 3
합수국(三合水局)이라 한다.

6. 4대국의 생·왕·묘(四大局生旺墓)

① 4생지: <인寅>·<신申>·<사巳>·<해亥>… 각 국의 장생지(長生地)

② 4왕지: <자子>·<묘卯>·<오午>·<유酉>… 오해(午亥)의 성품을 대표하는 왕
지(旺地)

③ 4묘고(墓庫): <미未>·<술戌>·<축丑>·<진辰>… 4土(토)로 묘고(墓庫)

1) 용과 수구의 생왕방향(龍水口生旺方向)

① 화국을용(火局乙龍)

수구(水口)가 <신술辛戌>·<건해乾亥>·<임자壬子>에 있을 때이다. 이때 화국의 생·왕·묘(生旺墓)는 <간인艮寅>·<병오丙午>·<신술辛戌> 방이 된다.

② 금국정용(金局丁龍)

수구(水口)가 <계축癸丑>·<간인艮寅>·<갑묘甲卯>에 있을 때이다. 이때 화국의 생·왕·묘(生旺墓)는 <손사巽巳>·<경유庚酉>·<계축癸丑> 방이 된다.

③ 수국신용(水局辛龍)

수구(水口)가 <을진乙辰>·<손사巽巳>·<병오丙午>에 있을 때이다. 이때 화국의 생·왕·묘(生旺墓)는 <곤신坤申>·<임자壬子>·<을진乙辰> 방이 된다.

④ 목국계룡(木局癸龍)

수구(水口)가 <정미丁未>·<곤신坤申>·<경유庚酉>에 있을 때이다. 이때 화국의 생·왕·묘(生旺墓)는 <건해乾亥>·<갑묘甲卯>·<정미丁未> 방이 된다.

2) 쌍산오행(雙山五行)

쌍산오행은 <갑甲>·<을乙>·<병丙>·<정丁>·<무戊>·<기己>·<경庚>·<신申>·<임壬>·<계癸>의 10간(干)과 사유인 <동남東南>·<동북東北>·<서남西南>·<서북西北>을 상징하는 <건乾>·<곤坤>·<감坎>·<손巽>을 합하여 12지지(地支)와 함께 24방위에 배속하고 둘씩 간지를 짝지어서 12개 그룹으로 각 방위에 배속시킨 것이 바로 <임자壬子>·<곤신坤申>·<경유庚酉>·<신술辛戌>·<건해乾亥>이다. 24방위에 따라 오행(五行)별로 분류하면 다음과 같다.

오행(五行)	목(木)	수(水)	금(金)	화(火)
천간(天干)	건갑정(乾甲丁)	곤임을(坤壬乙)	손경계(巽庚癸)	간병신(艮丙辛)
지지(地支)	해묘미(亥卯未)	신자진(申子辰)	사유축(巳酉丑)	인오술(寅午戌)

❖ 토는 중앙에 해당함

7. 4대국용[四大局龍]의 새로운 이해

4대국에는 <목국(木局)의 계룡(癸龍)>·<화국(火局)의 을용(乙龍)>·<금국(金局)의 정용(丁龍)>·<수국(水局)에 신용(辛龍)>이 대표적으로 있는데, 12포태법상 일일이 해당 용(龍)을 찾으려면 복잡해진다. 이때 쉽게 찾는 방법을 역(逆)으로 수구(水口: 一名, 파구破口)가 어디에 있는가를 알면 찾기가 쉬워진다.

❖ 각국별 용의 장생제왕(長生帝王) 찾는 표

4대국과 수구방위에서 일부 앞에서 언급한 바 있으나 더 자세히 알기 위해서 아래 도표를 참고하면 좋을 것이다.

국명	수구(水口)의 위치	용(龍)	생(生)	왕(旺)
화(火)국	신술(辛戌), 건해(乾亥), 임자(壬子)	을(乙)	병오(丙午)	간인(艮寅)
금(金)국	계축(癸丑), 간인(艮寅), 갑묘(甲卯)	정(丁)	경유(庚酉)	손사(巽巳)
수(水)국	을진(乙辰), 손사(巽巳), 병오(丙午)	신(辛)	임자(壬子)	곤신(坤申)
목(木)국	정미(丁未), 곤신(坤申), 경유(庚酉)	계(癸)	갑묘(甲卯)	건해(乾亥)

1) 화국을용(火局乙龍)의 생·왕·사·절(生旺死絕)

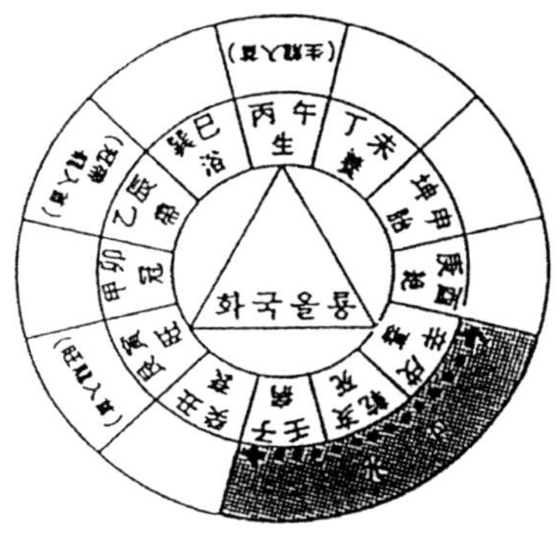

나침반 제8층 천반봉침으로 수구를 보아서 <신술辛戌>·<건해乾亥>·<임자壬子> 위에 수구(水口)가 모여 나가면 모두 <화국을용火局乙龍>으로 본다. 을목(乙木)의 장생(長生)인 <병오丙午>에서 시계반대방향으로 빠져나가면 <간인艮寅>이 왕방(旺方)이고 묘방(墓方)은 <신술辛戌>로서 <인·오·술 (寅午戌)>의 삼합화국(三合火局)이 된다. 사용할 수 있는 용(龍)의 입수(入首)는 <병오생용입수(丙午生龍入首)>와 <간인왕용입수(艮寅旺龍入首)> 그리고 <을진관대룡입수(乙辰冠帶龍入首)> 세 개이다.

① 화국생용입수(火局生龍入首)는 용(龍), 즉 산머리가 <병오생(丙午生)> 방에서 들어오고 물은 <신술묘(辛戌墓)> 방으로 빠져나간다.

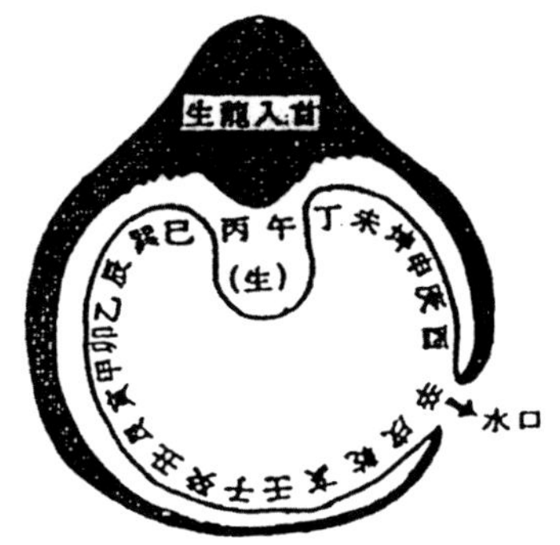

② 화국왕용입수(火局旺龍入首)는 용(龍), 즉 산머리가 <간인왕(艮寅旺)> 방에서 들어오고 물은 <신술묘(辛戌墓)> 방으로 빠져나간다.

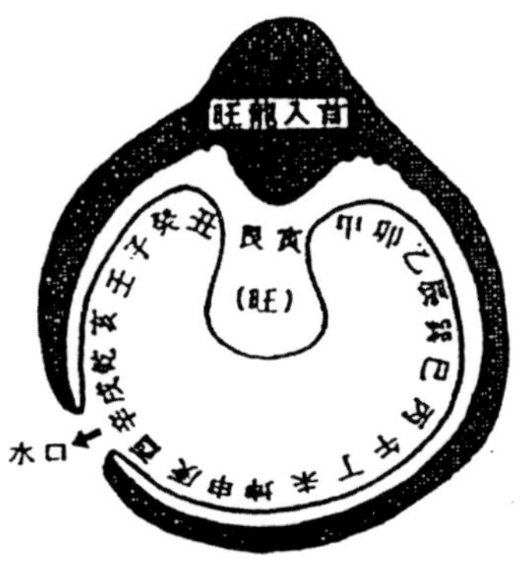

③ 화국관대룡입수(火局冠帶龍入首)는 용(龍:
　산머리)이 ＜을진관대(乙辰冠帶)＞ 방에
　서 들어와서 물이 ＜신술묘(辛戌墓)＞
　방으로 빠져나간다.

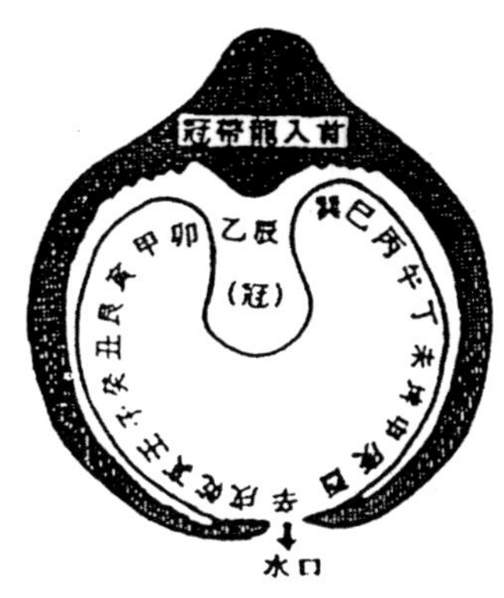

　　기타 ＜병용丙龍＞·＜사용巳龍＞·＜절용絶龍＞ 등이 있으나 국(局)에 잘 맞지 않으
면 쓰지 못하므로 도식 상에서 제외되었다.

2) 수국신용(水局辛龍)의 생·왕·사·절(生旺死絶)

　　나침반 제8층의 천반봉침으로 봐서 수구
(水口)가　＜을진乙辰＞·＜손사巽巳＞·＜병오丙
午＞ 위에 있으면 이것은 수국신용(水局辛龍)
이 된다. 장생(長生)은 ＜임자壬子＞에 있으므
로 12포태법을 역으로 세어나가면 왕(旺)은
＜곤신坤申＞이고, 묘(墓)는 ＜을진乙辰＞이 된
다. 사용할 수 있는 것은 ＜임자壬子＞의 생
용(生龍), ＜곤신坤申＞의 왕용(旺龍), ＜신술辛
戌＞의 관대룡(冠帶龍)뿐이다.

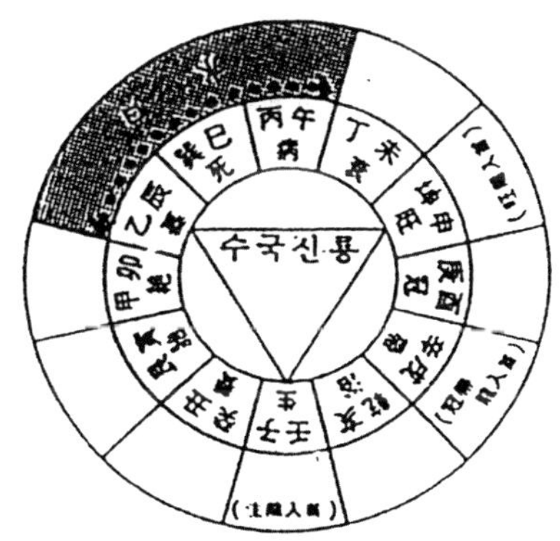

① 수국생용입수(水局生龍入首)는 용(龍: 산머리)
   이 <임자생(壬子生)> 방에서 오고 물은
   <을진묘乙辰墓> 방으로 빠져나간다.

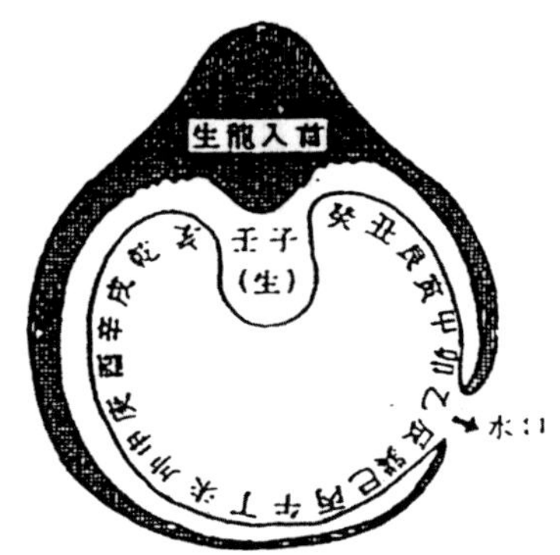

② 수국왕용입수(水局旺龍入首)는 용(龍:산머리)은
   <곤신왕(坤申旺)> 방에서 들어오고 물은 <을
   진묘(乙辰墓)> 방으로 빠져나간

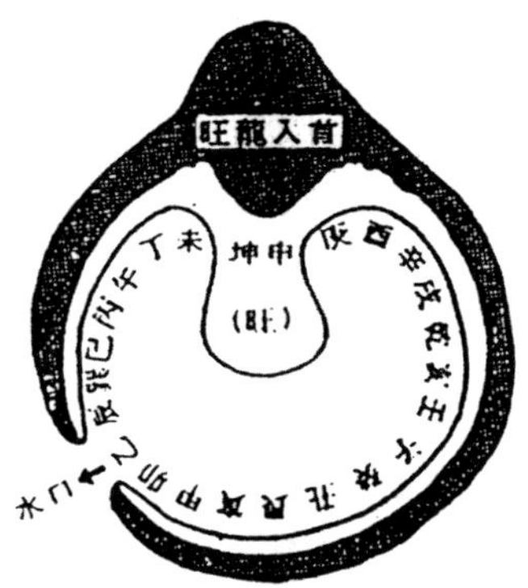

③ 수국관대용입수(水局冠帶龍入首)는 용(龍: 산머리)
   이 <신술관대(辛戌冠帶)> 방에서 들어오고 물
   은 <을진묘(乙辰墓)> 방으로 나간다.

　기타 수국(水局)에도 <사용巳龍> <절용絶龍> 등이 있으나 모두가 국(局)에 잘
맞지 않으면 쓰지 못하므로 도식 상에서 제외되었다.

3) 금국정용(金局丁龍)의 생·왕·사·절(生旺死絶)

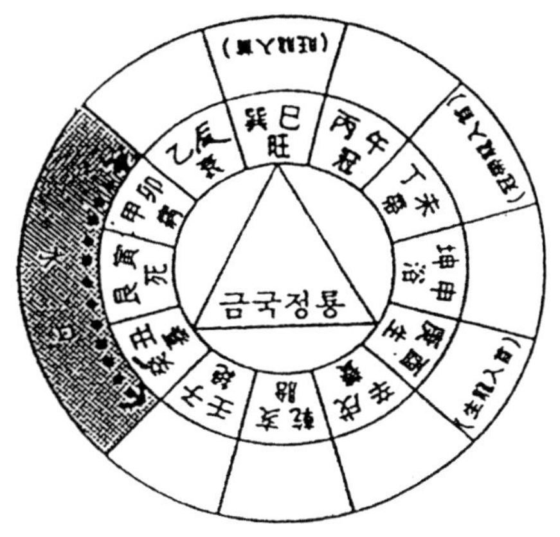

나침반 제8층 천반봉침을 사용하여 수
구(水口)를 보아 <계축癸丑>·<간인艮寅>·
<갑묘甲卯>에 해당되는 수구(水口)가 있으
면 이것은 금국정용(金局丁龍)에 해당된다.
장생(長生)은 <경유庚酉>에 있으므로 역으
로 세어보면 제왕(帝王)은 <손사巽巳>, 관대
(冠帶)는 <정미丁未>가 된다. 그러므로 사용
할 수 있는 용(龍)은 장생(長生), 제왕(帝王),
관대(冠帶)뿐이다.

☎ 잠깐! 여기에서 금국(金局)의 의미를 잘 기억해 두자. 서울의 국세(局勢)가 금국
(金局)이라는 것은 명당수인 청개천 물이 동향인 <갑묘방甲卯>방(方)으로 나가
는 것을 두고 하는 말이다. 인왕산은 <경유庚酉>로서 생용(生龍)이 되므로 궁
궐을 동향으로 지으라고 『산수비기山水秘記』 는 경고하고 있다. 현재의 청와대
나 경복궁은 <임자절용壬子絶龍>에 해당되어 흉(凶)하다고 말한다.

① 금국생방입수(金局生方入首)는 용(龍: 산너리)이
   <경유생(庚酉生)> 방에서 들어오고 <계축묘
   (癸丑墓)> 방으로 물이 빠져나간다.

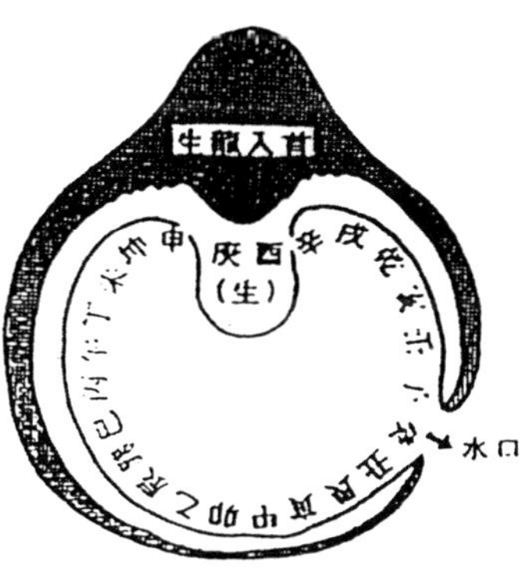

② 금국왕용입수(金局旺龍入首)는 용(龍:산머리)
이 <손사왕(巽巳旺)>에서 오고 물은 <계축
묘(癸丑墓)> 방으로 빠져나간다.

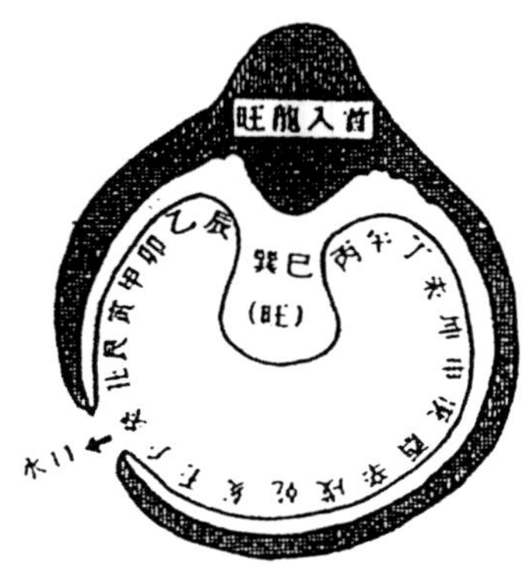

③ 금국관대룡입수(金局冠帶龍入首)는 용(龍)이 <병오
관대(丙午冠帶)> 방에서 오고 물은 <계축방癸
丑> 방으로 나간다.

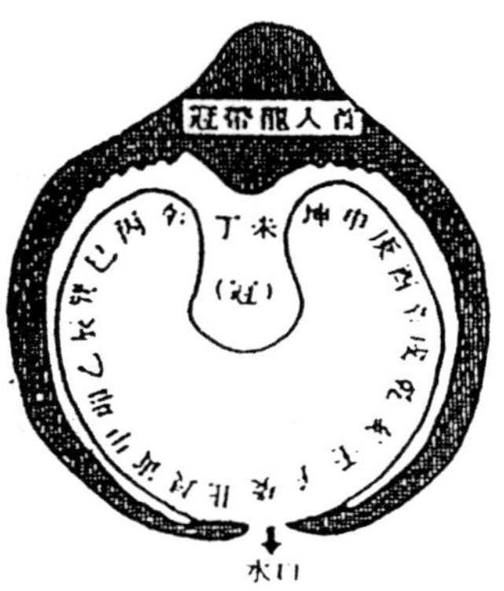

기타 금국(金局)에도 <병용丙龍>·<사용巳龍>·<절용絶龍> 등이 있으나 국(局)에
잘 맞지 않으면 쓰지 못하므로 도식 상에서 제외되었다.

4) 목국계룡(木局癸龍)의 생·왕·사·절(生旺死絶)

나침반 제8층 천반봉침을 사용하여 수구(水口)를 보아서 <정미丁未>·<곤신坤
申>·<경유庚酉>의 향위(向位)에서 수구가 있으면 목국계룡(木局癸龍)이 된다. 계룡
(癸龍)의 장생(長生)은 <갑묘甲卯>에 있으므로 반 시계방향으로 세어나가면 제왕(帝
王)은 <건해乾亥>가 되고, 묘(墓) 방은 <정미丁未>가 되고, <해·묘·미(亥墓未)>는
삼합 목국(三合木局)이 된다.

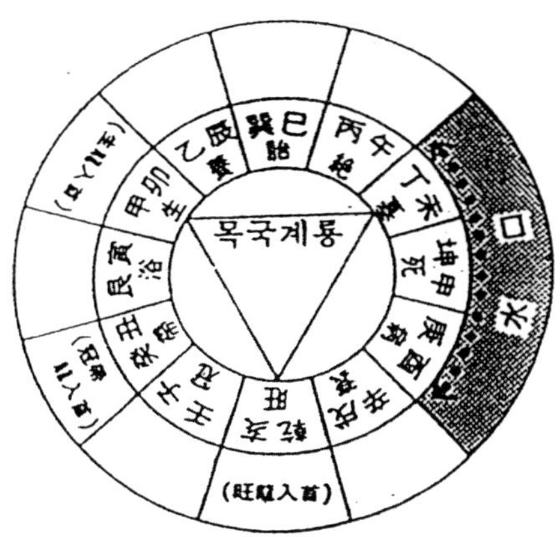

① 목국생방입수(木局生龍入首)는 용(龍: 산머리)이
   <갑묘생(甲卯生)> 방에서 오고 물은 <정미묘
   (丁未墓)> 방으로 빠져나간다.

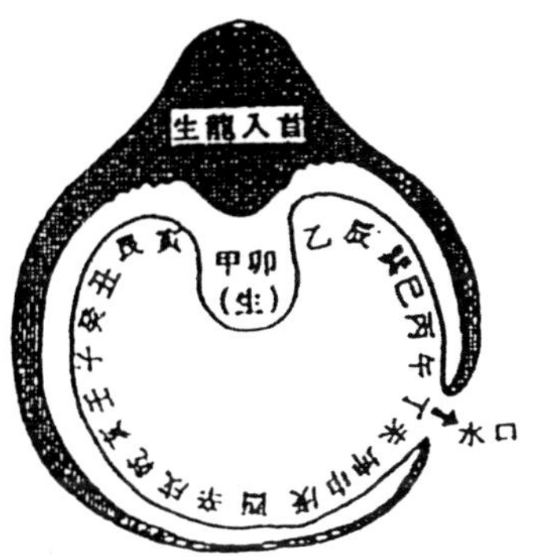

② 목국왕용입수(木局旺龍入首)는 용(龍: 산머리)은
   <건해왕(乾亥旺)> 방에서 오고 물은 <징미묘
   (丁未墓)> 방으로 빠져나간다.

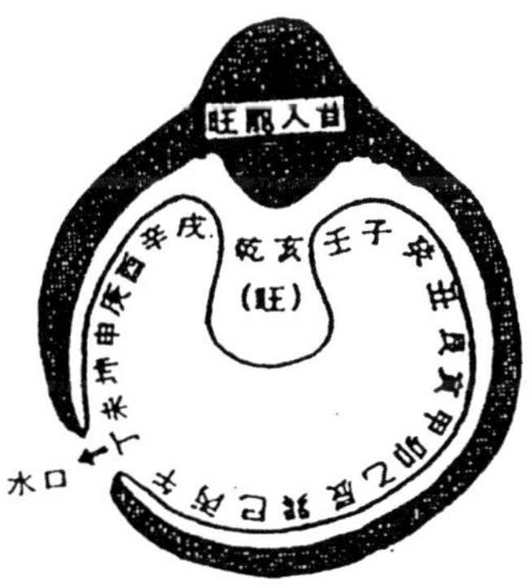

③ 목국관대룡입수(木局冠帶龍入首)에서 용(龍: 산
　　머리)은 <계축관대(癸丑冠帶)> 방에서 오고,
　　물은 <정미묘(丁未墓)> 방으로 빠져나간다

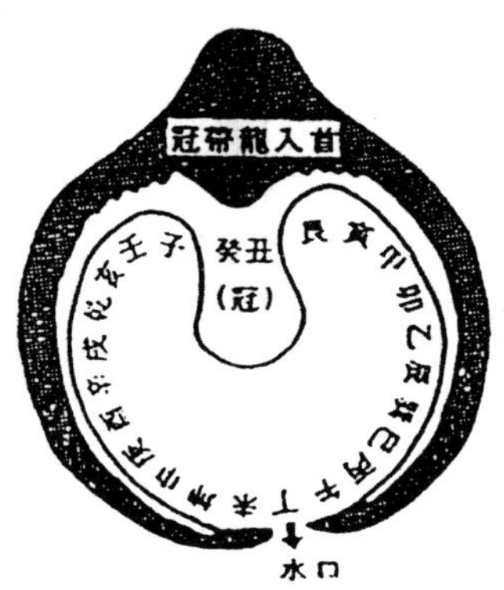

기타 목국(木局)에도 12포태법에 나타난 <사용巳龍>·<쇠용衰龍>·<절용絕龍> 등
이 있으나 국(局)에 맞지 않으면 쓰지 못함으로 도식 상에서 제외되었다.

❖ ① 수구(水口)를 중심으로 용(龍: 산머리)을 아는 법은 수구가 묘고(墓庫)이므로
　　이를 기준으로 측정하면 이해하기가 쉬워진다. 예컨대, 정미수구(丁未水口)이
　　면 <해묘미(亥卯未)>의 목국용(木局龍), 을진수구(乙辰水口)면 <신자진(申子
　　辰)>의 수국용(水局龍)이 된다.

② 수구에 따른 12포태법상의 국(局)은 향(向)을 기준으로 한다. 예컨대, 자좌오향
　　(子坐午向)은 <인·오·술(寅午戌)>의 화국(火局), 축좌미향(丑坐未向)은 <해·묘·
　　미(亥卯未)>의 목국(木局)으로 판단할 수 있을 것이다. 따라서

❶ <해·묘·미(亥卯未)> 3자는 목국(木局)

❷ <사·유·축(巳酉丑)> 3자는 금국(金局)

❸ <신·자·진(申子辰)> 3자는 수국(水局)

❹ <인·오·술(寅午戌)> 3자는 화국(火局)이다.

V

산수(山水)의 초석(礎石)인
나침반(羅針盤)의 9층 구조 이해

V. 산수(山水)의 초석(礎石)인 나침반(羅針盤)의 9층 구조 이해

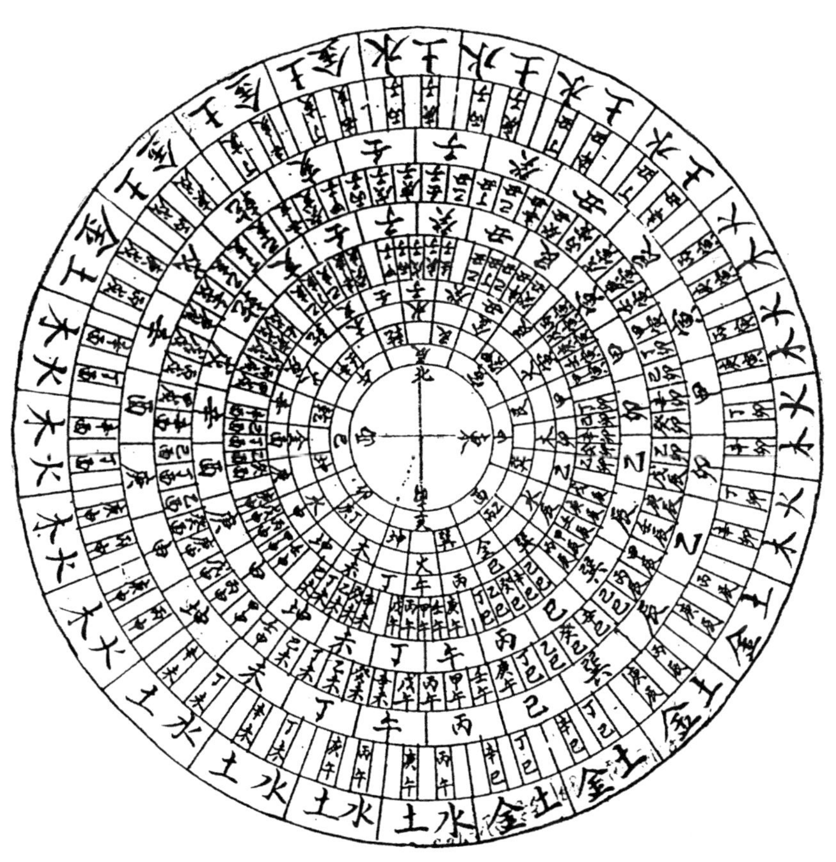

1. 나침판이 나타난 시기와 각 층별 명칭

1) 나침반이 지리학에 사용된 시기

나침반을 중국에서는 나경(羅經)이라고 불렀는데 일명 패철(佩鐵)이라고도 하였다. 이것은 풍수지리에서는 없어서는 안 될 필요불가결한 방위측정기구이다. "나경(羅經)"이라는 말의 유래는 중국의 포라만상(包羅萬象)에서 '나(羅)' 자와 경륜천지(經綸天地)에서 '경(經)' 자를 따와서 나경(羅經)이라 불리었다. 초기에는 주공(周公)이 12방위만을 제작하였으나, 그것이 불편하여 많은 학자들이 지리연구를 거듭하여 오는 도중 중국 한나라의 장량(張良, 108BC)이 24방위를 증보하여 완성시켰던 것이다. 그 후 양공(楊公)이 다시 이것을 개발하여 오늘날까지 사용하기 쉬운 나경으로 만든 것이다. 이 나경은 20층이 넘는 것도 있으나 그것이 우리는 너무 복잡하여 혼돈을 일으키게 될 염려가 있으므로 아래 도표 상에 나와 있는 9층으로만 제한하고 자세히 설명하고자 한다.

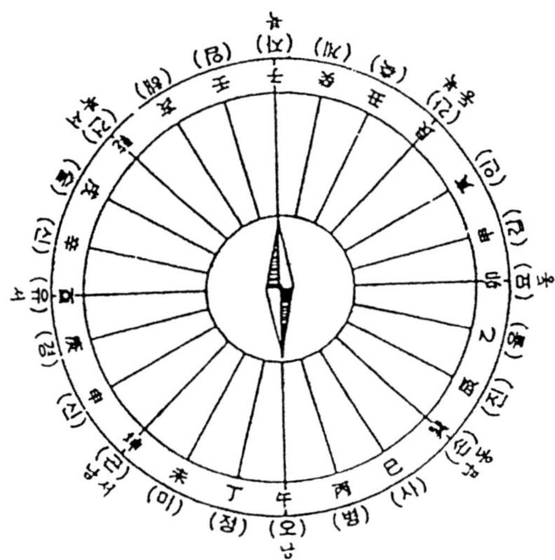

2) 나침반의 사용방법과 각 층별 명칭

나침반을 보는 방법은 시선의 배꼽 부분을 중심으로 4층인 지반정침을 중심으로 잡고, 4층인 지반정침을 기반으로 하여 자(子)는 정북(正北)이 되며, 오(午)는 정남(正南)으로 나란히 고정시키고 나서 24개의 각방위에 해당되는 산(山)과 수(水)의 각 방위를 살피는 것이다. ① 1층: 황천팔살(黃泉八殺) ② 2층: 사로황천(四路黃泉) ③ 3층: 쌍산오행(雙山五行) ④ 4층: 지반정침(地盤正針) ⑤ 5층: 천산 72용(穿山七十二龍) ⑥ 6층: 인반중침(人盤中針) ⑦ 7층: 투지60용(透地六十龍) ⑧ 8층: 천반봉침(天盤縫針) ⑨ 9층: 지반정침분금(地盤正針分金)으로 나뉜다. 이것에 대해서는 각층 별로 다음에서 자세히 설명하고자 한다.

2. 나침반(羅針盤)의 층별 용도와 해설

1) 나침반 제1층의 황천팔살(黃泉八殺)

황천팔살(黃泉八殺)은 나침반 제1층에 위치한 8개의 방위를 말한다. 이 방위는 좌산(坐山)에 해당되는 흉살(凶殺)로서 장사(葬事)나 입향(入向)뿐 아니라 택일(擇日), 묘지보수(墓地補修) 등에 있어서도 세심히 살펴야 하는 흉(凶) 방위(方位)에 속하는 것이다. 고서에 의하면 "황천살(黃泉殺)을 범하면 100리 내에 그 화가 미친다"라고 하였다. 아무리 길지(吉地)를 찾아 장사(葬事)를 지낸다고 하여도 황천살(黃泉殺)을 범하게 되면 길지(吉地)를 버리는 경우에 해당됨을 잘 살펴야 할 것이다. 확인 방법은 나침반을 북과 남인 <자(子)>와 <오(午)>로 나란히 고정하고 4층의 24방위로 좌(坐)를 정한 다음 해당방위에서 물이 들어오는 곳이 있는지를 살펴보는 것인데 이를 도표로 표시하면 다음과 같다.

좌(坐)	임자계 (壬子癸)	미곤신 (未坤申)	갑묘을 (甲卯乙)	진손사 (辰巽巳)	술건해 (戌乾亥)	경유신 (庚酉申)	축간인 (丑艮寅)	병오정 (丙午丁)
황천살 방위	진술 (辰)	묘(卯)	신(申)	유(酉)	오(午)	사(巳)	인(寅)	해(亥)

❖ 제4층의 지반정침으로 정한 자리가 임좌(壬坐)나 자(子) 또는 계좌(癸坐)일 경우,
1층에 있는 <진辰> 방이나 <술戌> 방이 황천살(黃泉殺)임을 표시하는 것이므
로 제8층의 천반봉침으로서 <진辰>이나 표시 상에는 없지만 <술戌> 방을 함
께 살피라는 뜻이다. 그러므로 이 방위에서 들어오는 물은 흉(凶)하나 나가는
물은 도리어 길(吉)하다. 그리고 택일(擇日), 조장(助葬), 이장(移葬) 등에서 가리는
황천살(黃泉殺)을 도표로 표시하면 다음과 같다.

후천 8방위와 정 방위	24 방위	황천 년, 월, 일, 시
감(坎):북	임(壬)·자(子)·계(癸)	임오(壬午)
곤(坤):남서	미(未)·곤(坤)·신(申)	을묘(乙卯)
진(震):동	갑(甲)·묘(卯)·을(乙)	경신(庚申)
손(巽):동남	진(辰)·손(巽)·사(巳)	신유(辛酉)
건(乾):북서	술(戌)·건(乾)·해(亥)	임오(壬午)
태(兌):서	경(庚)·유(酉)·신(辛)	정사(丁巳)
간(艮):북동	축(丑)·간(艮)·인(寅)	병인(丙寅)
이(離):남	병(丙)·오(午)·정(丁)	기해(己亥)

2) 나침반 제2층의 사로황천(四路黃泉)

사로황천은 천간황천(天干黃泉)이라고도 한다. 이것은 지반정침의 방향을 기준으로 보는 것이다. 그것은 나침반 2층에 자세히 명시되어 있다. 지반정침의 24방위에서 어느 한 방위로 자리를 정하면 그 맞은편 방위가 방향(向)이 된다.

향(向)	정경 (丁庚)	곤(坤)	을병 (乙丙)	손(巽)	갑계 (甲癸)	간(艮)	신임 (辛壬)	건(乾)
사로황천	곤(坤)	정경 (丁庚)	손(巽)	을병 (乙丙)	간(艮)	갑계 (甲癸)	건(乾)	신임 (辛壬)

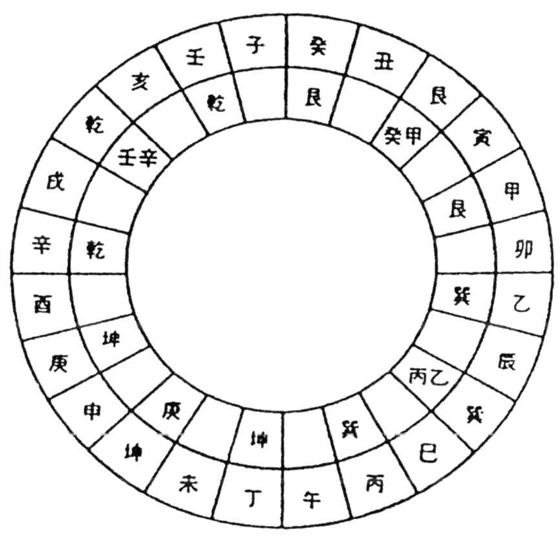

앞의 예시를 보면, 방향이 계(癸)인 정좌계향(丁坐癸向)일 경우 간(艮) 방위가 사로황천(四路黃泉)이 된다. 또 임향(壬向)인 병좌임향(丙坐壬向)인 경우 <건乾> 방의 수(水)가 사로황천이 된다. 보는 방법은 1층과 같이 4층의 지반정침으로 방향을 정하고 그 방향에 따른 제8층 천반봉침으로 해당방위에 들어오는 물을 살펴서 황천을 본다.

3) 나침반 제3층의 쌍산오행(雙山五行)

제3층은 쌍상오행 또는 삼합오행이라고 하며, 그것에 해당되는 방향이 오행 상 어디에 해당되는지를 구분하여 쓰인다.

쌍산오행(雙山五行)은 24개 방위 중 천간(天干) 12개와 지지(支支) 12개를 간(干)과 지(支)로 하나씩 묶어서 오행(五行)인 목(木)·화(火)·토(土)·금(金)·수(水)에서 토(土)를 중앙에 배속시킨 다음 목(木)·화(火)·금(金)·수(水) 4가지를 국(局)에 각각 배당시키는 것이다.

- ❖ 목국(木局)은 해(亥) 묘(卯) 미(未)가 3합이고
- ❖ 화국(火局)은 인(寅) 오(午) 술(戌)이 3합이다.
- ❖ 금국(金局)은 사(巳) 유(酉) 축(丑)이 3합이고
- ❖ 수국(水局)은 신(申) 자(子) 진(辰)이 3합이다.

3합 5행은 용(龍)과 수(水)에 대한 오행(五行) 국의 판단과 향(向)의 길흉(吉凶) 및 내거수의 합법판단, 용의 입수 길흉판단과 석물 등을 세우는 데 사용한다.

4) 나침반 제4층의 지반정침(地盤正針)

지반정침은 용(龍)의 길흉(吉凶)과 입향(入向) 또는 좌향(坐向)을 결정할 때 사용하는 24개의 정 방위를 말한다. 24방위를 24절기와 같이 배분하기도 하는데 나침판에도 지반정침을 알기 쉽도록 굵은 글자로 표기하고 있다.

24방위와 해당 절기표

24방	임(壬)	자(子)	계(癸)	축(丑)	간(艮)	인(寅)	갑(甲)	묘(卯)	을(乙)	진(辰)	손(巽)	사(巳)
절기	대설	동지	소한	대한	입춘	우수	경칩	춘분	청명	곡우	입하	소만
24방	병(丙)	오(午)	정(丁)	미(未)	곤(坤)	신(申)	경(庚)	유(酉)	신(辛)	술(戌)	건(乾)	해(亥)
절기	망종	하지	소서	대서	입추	처서	백로	추분	한로	상강	입동	소설

❖ **천간**(天干) = 12**방위**

임(壬), 계(癸), 간(艮), 갑(甲), 을(乙), 손(巽), 병(丙), 정(丁), 곤(坤), 경(庚), 신(辛), 건(乾)

❖ **지지**(地支) = 12**방위**

자(子), 축(丑), 인(寅), 묘(卯), 진(辰), 사(巳), 오(午), 미(未), 신(申), 유(酉), 술(戌), 해(亥)

천간(天干) 12방위 중 무(戊)와 기(己)를 제외하고 그 대신 건(乾), 손(巽), 간(艮), 곤(坤)의 4자를 넣고 천간(天干)과 지지(地支)를 하나씩 짝지어서 12방위로 묶은 다음 이를 쌍산오행(雙山五行)이라고 한다.

5) 나침반 제5층의 천산 72용(穿山七十二龍)

천산 72용(穿山72龍)은 혈장으로 들어오는 용맥(龍脈)이 어느 갑자(甲子)에 해당하는지를 구분하는 것이다. 우리가 나침반을 측정할 때 '지나치게 협소함(過峽)'이나 내용의 혈장으로 들어오는 목에 놓고 측정하기도 한다. 그리고 가끔 혈처(穴處)의 '눈금에 지나침(乘金)'에 놓고 측정할 때가 있다. 어느 것이나 혈장으로 들어오는 용맥을 정확히 측정하고자 함을 말한 楊公의 『五氣論』에 의하면 "냉기맥(冷氣脈), 정기맥(正氣脈), 왕기맥(旺氣脈), 패기맥(敗氣脈), 퇴기맥(退氣脈)으로 구분하고 정기맥과 생기맥과 왕기맥은 길(吉)하고, 쇄기맥과 퇴기맥 그리고 냉기맥은 흉(凶)하여 사용하지 못한다"라고 하였다

❖ **왕기맥**: 병자순에서 정해(丁亥)까지의 12용(龍)
❖ **생기맥 또는 정기맥**: 경자순(庚子·旬)에서 신해(辛亥)까지의 12용(龍)

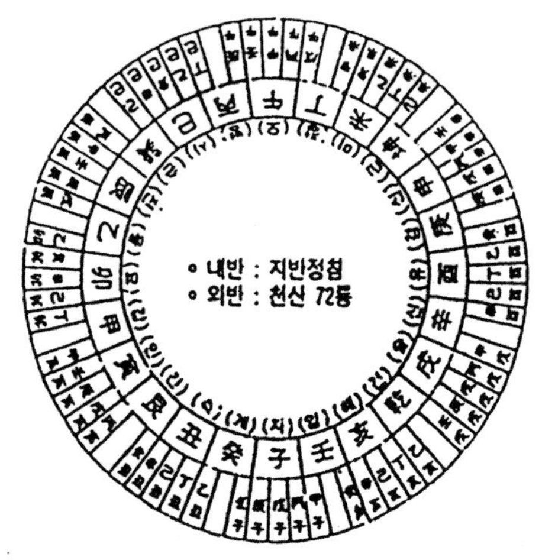

천산 72룡도

자룡인 경우의 실례(정 오행은 수용水龍)

지반정침	임(壬)	자(子)			계(癸)
천산 72룡	갑자(甲子)	병자(丙子)	무자(戊子)	경자(庚子)	임자(壬子)
납음오행	금(金)	수(水)	화(火)	토(土)	목(木)
생극비	생아	비화	아극	극아	아생
길흉	냉기(冷氣)	왕기(旺氣)	패기(覇氣)	생기(生氣)	퇴기(退氣)
비고	맥이용을생	맥과용이비	용이맥을극	맥이용을극	용이맥을생

❖ 좌(坐)가 자(子)일 경우 갑자(甲子), 병자(丙子), 무자(戊子), 경자(庚子), 임자(壬子)가
있으나 병자(丙子)는 납음오행(納音五行)상 물로서 맥(脈)과 용(龍)이 비화되는 것
이 왕기맥이고, 경자(庚子)는 토(土)로서 맥(脈)이 용(龍)을 다하는 생기맥(生氣脈)
으로 길(吉)하다.

6) 나침반 제6층의 인반중침(人盤中針)

인반중침은 중국 송대의 뇌포의(賴布衣) 최관편(崔官扁)이라는 사람이 창안해 낸
것으로 혈처(穴處)를 중심으로 주위의 사(砂)가 해당혈처에 어떤 도움을 주는지 여
부를 측정하는 데 사용한다. 또한 인반중침은 하늘의 어떤 별자리가 지상에 조응

하는지 여부를 측정하는 것으로 성수오행이라는 것이 있다. 인반중침의 24방위와 성수오행의 배속관계를 살펴보면,

- ❖ 목(木): 건(乾), 곤(坤), 간(艮), 손(巽)의 4방위
- ❖ 화(火): 자(子), 오(午), 묘(卯), 유(酉), 갑(甲), 경(庚), 병(丙), 임(壬)의 8방위
- ❖ 토(土): 을(乙), 신(辛), 정(丁), 계(癸)의 4방위
- ❖ 금(金): 진(辰), 술(戌), 축(丑), 미(未)의 4방위
- ❖ 수(水): 인(寅), 신(申), 사(巳), 해(亥)의 4방위

인반중침에서 자좌(子坐)의 경우

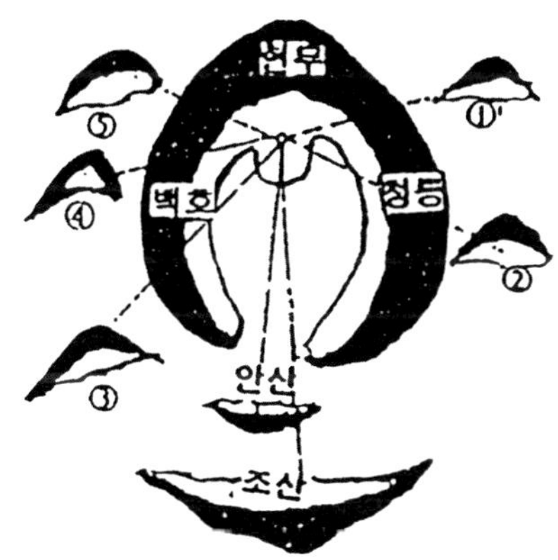

- ❖ 생아는 도장을 받으니 문무관의 자손이 될 수 있게 도움을 주는 산이다.
- ❖ 비아는 인재이니 과거에 나아갈 수 있게 돕는 산이다.
- ❖ 아극은 재물이니 자손이 노비를 많이 거느리게 도움을 주는 산이다.
- ❖ 극아는 칠살이니 자손을 궁지에 모는 산이다.
- ❖ 설아는 문장이니 자손이 비록 가난하나 문장으로 공명을 떨칠 수 있게 하고 또한 의지가 강한 사람이 되게 도와주는 산이다.

자좌(子坐)를 중심으로 한 사(砂)와 인반중침과의 관계

사(砂)	인반중침	성수오행	오행관계
현무	자(子)	화(火)	비화
사①	인(寅)	수(水)	극아
사②	손(巽)	목(木)	생아
청용	손(巽)	목(木)	생아
안산,조산	오(午)	화(火)	비화
사③	곤(坤)	목(木)	생아
사④	경(庚)	화(火)	비화
사⑤	술(戌)	금(金)	아극

성수오행(星宿五行)과 인반중침(人盤中針)

순위	28수	24방위	순위	28수	24방위	순위	28수	24방위
1	각목교 (角木蛟)	巽	11	허일서 (虛日鼠)	자(子)	21	삼수원 (參水猿)	갑(甲)
2	항금룡 (亢金龍)	辰	12	위월연 (危月燕)		22	정목안 (井木犴)	곤(坤)
3	저토학 (氐土狢)	乙	13	실화저 (室火猪)	임(壬)	23	귀금양 (鬼金羊)	미(未)
4	방일토 (房日兔)	卯	14	벽수유 (壁水貐)	해(亥)	24	유토장 (柳土獐)	정(丁)
5	심월호 (心月狐)		15	규목랑 (奎木狼)	건(乾)	25	성일마 (星日馬)	오(午)
6	미화호 (尾火虎)	甲	16	루금구 (婁金拘)	술(戌)	26	장월록 (張月鹿)	
7	기수표 (箕水豹)	寅	17	위토치 (胃土雉)	신(辛)	27	익화사 (翼火蛇)	병(丙)
8	두수해 (斗水蟹)	艮	18	묘일계 (昴日鷄)	유(酉)	28	진수인 (軫水蚓)	사(巳)
9	우금우 (牛金牛)	丑	19	필월조 (畢月鳥)				
10	여토복 (女土蝠)	癸	20	자화후 (觜火猴)	경(庚)			

　28수와 방위는 28수순이며, 1위는 각목교가 24방위의 손(巽)이 되며 이로부터 28수순에 따라 방위가 우회전(右旋回)한다. 28수명의 첫 자가 성수 명(星宿名)이며 가운데가 오행이며 끝 자가 물형이 된다. 예컨대, <각(角), 목(木), 교(蛟)> 일(日). 월(月)은 오행(五行)이 火가 되고 자(子), 오(午), 묘(卯), 유(酉) 4정에 일(日). 월(月)이 배분된다.

이것에 대해 자세한 것은 「성수성정편(星宿性情篇)」에서 자세한 설명이 있겠음.

7) 나침반 제7층의 투지 60용(透地六十龍)

투지 60용은 "혈관을 꿰뚫는 맥(貫穴之脈)"을 측정하는 것으로서 24용(龍)의 투지 60정용(正龍)을 정하는 것과 그 배향(配向)에 사용한다. 투지 60용은 24방위 중 쌍산오행(雙山五行)12방위 위의 지지 순(地支 順) 60甲子에 의해 지별로 5개씩 배분되었다. 투지60 사용방법은 혈의 "산이 꽉 둘러 있는 꼭대기(만두: 巒頭)"에 해당되는 승금(乘金)에다 나침반을 놓고 투지 60용의 어느 갑자(甲子)가 혈장을 관통하여 앞쪽 60용의 어느 갑자와 나란히 맞추는가에 따라 해당 용(龍)의 길흉(吉凶)을 측정한다.

지반정침 24용이 되는 투지60용

<table>
<tr><td colspan="3">임(壬)</td><td colspan="2">자(子)</td><td colspan="3">계(癸)</td><td colspan="2">축(丑)</td><td colspan="3">간(艮)</td><td colspan="2">인(寅)</td><td colspan="3">갑(甲)</td><td colspan="2">묘(卯)</td></tr>
<tr><td>甲子</td><td>丙子</td><td>戊子</td><td>庚子</td><td>壬子</td><td>乙丑</td><td>丁丑</td><td>己丑</td><td>辛丑</td><td>癸丑</td><td>丙寅</td><td>戊寅</td><td>庚寅</td><td>壬寅</td><td>甲寅</td><td>丁卯</td><td>己卯</td><td>辛卯</td><td>癸卯</td><td>乙卯</td></tr>
<tr><td>1</td><td>②吉</td><td>3</td><td>④吉</td><td>5</td><td>1</td><td>②吉</td><td>3</td><td>④吉</td><td>5</td><td>1</td><td>②吉</td><td>3</td><td>④吉</td><td>5</td><td>1</td><td>②吉</td><td>3</td><td>④吉</td><td>5</td></tr>
</table>

① 임자쌍산(壬子雙山)에는 갑자(甲子)·병자(丙子)·무자(戊子)·경자(庚子)·임자(壬子)의 투지(透地) 60용 5개가 있다. 임용(壬龍) 칸의 가운데가 병자(丙子) 투지용이고 정임용(正壬龍)이다. 자용(子龍) 칸의 가운데가 경자(庚子)가 투지용 (透地龍)이고 정자용(正子龍)이다.

② 쌍산(雙山)의 5개 용 가운데 두 번째가 쌍산천간(雙山天干)의 투지용(透地龍)이고, 네 번째가 쌍산지지(雙山地支)의 투지용(透地龍)이다.

③ 지지순(地支旬) 60갑자에서 병자순(丙子旬) 12용이 쌍산천간(雙山天干)의 정투지용(正透地龍)이고, 경자순(庚子旬) 12용(龍)이 쌍산지지(雙山地支)의 투지용이며, 이것을 24 '구슬과 보배 혈'(珠寶穴)이라도 한다.

8) 나침반 제8층의 천반봉침(天盤縫針)

천반봉침은 지반정침보다 7.5도를 앞서 나가는데 우주의 운행과 태양의 궤도에 합당하므로 실용에 있어서는 입향(入向)시 물이 들어오고 나감을 측정하는 봉침이다. 지반정침(地盤正針)으로 내용을 정하고 인반중침(人盤中針)으로 주위의 사(砂)를 정하며 천반봉침(天盤縫針)으로 물의 흐름을 비평한다. 수법(水法)으로 중요시하는 것으로 보성수법(輔星水法)이라는 것이 있다. 좌(坐)에서 향(向)을 위주로 판단하는 구성법(九星法)은 다음 표에 의거한다.

향(向) \ 구성(構成)	보필 (輔弼)	무곡 (武曲)	파군 (破軍)	염정 (廉貞)	탐랑 (貪狼)	거문 (巨文)	녹존 (祿存)	문곡 (文曲)
건·갑(乾甲)	건(乾)	오(午)	간(艮)	손(巽)	자(子)	곤(坤)	묘(卯)	유(酉)
오·임·인·술(午壬寅戌)	오(午)	건(乾)	손(巽)	간(艮)	곤(坤)	자(子)	유(酉)	묘(卯)
간·병(艮丙)	간(艮)	손(巽)	건(乾)	오(午)	묘(卯)	유(酉)	자(子)	곤(坤)
손·신(巽辛)	손(巽)	간(艮)	오(午)	건(乾)	유(酉)	건(乾)	곤(坤)	자(子)
자·계·신·진(子癸申辰)	자(子)	곤(坤)	묘(卯)	유(酉)	건(乾)	오(午)	간(艮)	손(巽)
곤·을(坤乙)	곤(坤)	자(子)	유(酉)	묘(卯)	오(午)	건(乾)	손(巽)	간(艮)
묘·경·해·미(卯庚亥未)	묘(卯)	유(酉)	자(子)	곤(坤)	간(艮)	손(巽)	건(乾)	오(午)
유·정·사·축(酉丁巳丑)	유(酉)	묘(卯)	곤(坤)	자(子)	손(巽)	간(艮)	오(午)	건(乾)

천반봉침(天盤縫針)에는 4길성(四吉星)과 4흉성(四凶星)이 있다.

✿ 사길성(四吉星): 보필(輔弼), 무곡(武曲), 탐랑(貪狼), 거문(巨文) ☞ 물이 들어오면 (來水) 길(吉)하고 나가면(去水) 흉(凶)하다.

✿ 사흉성(四凶星): 염정(廉貞), 파군(破軍), 녹존(祿存), 문곡(文曲) ☞ 물이 들어오면 (來水) 흉(凶)하고 나가면(去水) 길(吉)하다.

(1) 보성수법(輔星水法)의 길흉

[거수(去水)와 내수(來水)에서 길흉관계를 꼭 판단함]

① 보필수(輔弼水)

보필내수(輔弼來水)는 최고의 강세라서 두루두루 부귀하고 복을 받아 장수한다. 보필거수(輔弼去水)는 재산이 쇠퇴하고, 남자는 요절하고 여자는 과부가 된다.

② 무곡수(武曲水)

무곡내수(武曲來水)는 모두가 발달하여 대대로 관직에 오르고 제왕을 가까이 모신다. 무곡거수(武曲去水)는 반드시 피비린내 나는 죽음이 있게 되고, 남녀가 고향을 떠나 외지로 도주한다. 이 물이 비치면 장손이 흥왕하고 총명하다. 인(寅), 오(午), 술(戌), 해(亥), 묘(卯), 미년(未年)에는 차손이 흥왕하여 모든 자손이 길이 이어간다. 망인의 유골은 마르고 정결하며 보라색 꽃피는 등나무가 관을 덮을 징조가 있다.

③ 파군수(破軍水)

파국내수(破軍來水)는 흉신이라서 먼저 장자가 죽고 뒤이어 손자가 죽는다. 파군거수(破軍去水)는 대길창성(大吉昌盛)이고 관직에 들고 영웅이 나서 제왕을 가까이 한다. 이 물이 보이면 먼저 장손이 실패하고 재산과 사람에 관사가 연속되어서 난 사람마다 흉포하고 군율을 어기는 자가 나온다. 또 여자는 요염하고 남자는 패망하여 자손들에게 농아질병이 따른다. 사(巳), 유(酉), 축(丑), 인(寅), 오(午), 술년(戌年)에 그 감응이 있으며, 사나운 실병과 미친 빙자가 있게 되고, 밍조(亡兆)가 들이 음란하기까지 하다. 망인의 유해는 흑색이고 나무뿌리가 관을 감고 흰개미가 관을 파먹는다.

④ 염정수(廉貞水)

염정내수(廉貞來水)는 최고로 어려움을 당하나 해마다 전염병에 걸리고 재앙이 일어난다. 염정거수(廉貞去水)는 가장 좋으나 부귀영화가 장손에 정착한다. 이 水가 보이면 장손이 대패하고 망인의 유골은 진창에 들며 나무뿌리가 관곽을 뚫고, 개미가 관 바닥에 집을 짓는다. 자손에는 안질과 절름발이가 생기며, 여자는 출산해도 남아는 죽고, 일찍이 과부가 되며 토혈을 하게 된다. 사(巳), 유(酉), 축(丑), 해(亥), 묘(卯), 미년(未年)에는 가운데 자손이 퇴패한다. 이 수(水)도 특히 장손(長孫)이 최고로 흥하여 고향을 떠나 개장(開場)하여야 길(吉)하다.

⑤ 탐랑수(貪狼水)

탐랑수(貪狼水)가 비치는 혈장에 들면 자손이 많고 여러 사람이 피어난다. 탐랑거수(貪狼去水)는 여색을 좋아하고 탐을 내니 전답을 팔아 없애고 가통이 끊어진다. 이 수(水)가 보이면 장손이 먼저 피어나고 이어서 모두 피어난다. 많은 자손을 두며, 관성이 보이며 과거에 급제하는 자가 나타난다. 만약, 연못이나 개천에서 물이 보이면 부귀가 늦게 온다. 망인의 유골이 마르고 깨끗하며 사(巳), 유(酉), 축(丑), 인(寅), 오(午), 술년(戌年)에 감응(感應)이 온다.

⑥ 거문수(巨文水)

거문내수(巨文來水)에 굽은 연못이 보이면 자손대대로 영화롭고 창성한다. 거문거수(巨文去水)는 고향을 떠나 농토를 팔아먹고 도주한다. 이 물이 바라보이면 모든 손이 발달하고 귀자를 많이 낳는다. 해(亥), 묘(卯), 미년(未年)에 그 감응이 오고 만사가 흥왕(興旺)한다. 거문수(巨文水)가 거류(去流)하면 자손이 떠돌아다니며 술사나 승려가 나오고 백자(白子)를 낳는다. 만약, 이 물이 웅덩이거나 세류수이면 자손이 끝없이 복을 누린다.

⑦ 녹존수(祿存水)

녹존내수(祿存來水)는 장손이 패배하여 장손인구가 재앙을 만난다. 녹존거수(祿存去水)는 대길 창성하여 부귀영화가 장손에게 돌아온다. 이 물이 바라보이면 장손이 먼저 실패하고 전염병, 불, 소에 의한 재앙 등으로 퇴패한다. 여자는 일찍 죽고 남자는 망하며 자손 중에 농아가 있다. 인(寅), 오(午), 술(戌), 해(亥), 묘(卯), 미년(未年)에 그 감응이 온다. 만약, 연못, 개천, 세수류 등 작은 물을 보면 망인의 시골(屍骨)이 진창에 들고 15년이 되면 흰개미나 뱀이 관을 침범하고 나무뿌리를 뚫고 든다.

⑧ 문곡수(文曲水)

문곡내수(文曲來水)하면 높은 산봉우리가 솟아 있고 난 사람마다 젊어서 죽고 빈궁해진다. 문곡거수(文曲去水)하면 쌍둥이를 낳고 전답과 가재가 점점 융성해진다. 이 물이 바라보이면 차손 중에 먼저 퇴패한 자가 생기고, 나무뿌리가 유골을 감는다.

(2) 나침반에서의 12포태법(十二胞胎法)의 내용

12포태법을 명리학(命理學)에는 12성운법(十二運星法)이라고도 하는데, 각 향별 방위에 배속하여 각 방위별 길흉화복(吉凶禍福)을 논할 때 쓰이나 이는 원래 인간이 태어나서 자라고 병들어 죽은 다음 다시 태어나는 순환과정, 즉 순환법칙(循環法則)을 의미한다.

① 생(生): 한 생명이 태어난 것을 의미하므로 기쁨의 의미가 있다.

② 욕(浴): 태어나고 목욕하여 지저분한 것을 씻어내는 것으로 음란의 의미가 있다.

③ 대(帶): 성년을 향해서 자라는 과정으로 글도 익히고 뽐내고 싶어진다.

④ 관(冠): 벼슬이나 장원급제를 뜻한다. 부부는 인연을 맺고 발전함을 뜻한다.

⑤ 왕(旺): 벼슬도 높아지고 재물도 왕성해지는 최고의 전성기이다.

⑥ 쇠(衰): 청장년 시기이며 기운이 쇠하고 있다.

⑦ 병(病): 흉한 일이 생기고 기운이 쇠하여 병이 나는 것을 말한다.

⑧ 사(死): 기운이 다하고 숙음에 이름을 말한다.

⑨ 묘(墓): 죽어서 무덤으로 들어감으로 모든 활동이 정지된다.

⑩ 절(絶): 태(胞)라고도 하며 모든 형체가 단절된다.

⑪ 태(胎): 새로 싹틀 준비를 하고 있는 시기이다.

⑫ 양(養): 하나의 생명을 잉태하기 위해 출생만 기다리고 있는 시기이다.

❖ 각 방위에서 둘씩 짝이 되어 12포태법에 배속되지만 12포태법 그 자체에서 특별한 의미가 있는 것이 아니라 국(局)을 형성하는 삼합(三合)의 생(生)·왕(旺)·묘(墓)를 특히 중시하고 있다. 사주(四柱) 명리학(命理學)에서 논하는 12운성법(運星

法)과 3합(三合)은 각 국도 이와 똑같이 적용됨으로 실제로 활용하는 방법을 잘 익히도록 하는 것이 좋다.

(3) 물의 12포태법(十二胞胎法)과 9성법(星法)과의 관계

水法에는 크게 12포태법과 9성법의 두 가지가 있는데, 12포태법은 생(生)·욕(浴)·대(帶) 관(冠)·왕(旺)·쇠(衰)·병(病)·사(死)·묘(墓)·절(絶)·태(胎)·양(養)이고, 9성법은 탐랑성(貪狼星)·문곡성(文曲星)·무곡성(武曲星)·거문성(巨文星)·염정성(廉貞星)·파군성(破軍星)·녹존성(祿存星)·좌보성(左輔星)·우필성(右弼星)의 9개의 별이다. 이는 이기론(理氣論)에서 길흉화복吉(凶禍福)을 논의하는 데 있어 수법(水法)의 기본이므로 먼저 12포태법과 함께 9궁수법가를 중심으로 말하려 한다.

① 생(生)·양(養)------------------탐랑성(貪狼星)

12포태법의 생양은 9성의 탐랑성과 같으므로 양(養) 방이나 생(生) 방에서 물이 흘러 혈 앞으로 오게 되면 장남과 장손이 부귀하고 현명한 인물이 난다. 큰물이 굽이 흘러들면 관직이 높아지고 작은 물은 오래 장수하게 된다. 반대로 양방이나 생방으로 물이 나가면 자손이 끊어지고 화가 발생하게 되므로 과부가 독수공방을 지키게 된다.

② 욕(浴)--------------------------문곡성(文曲星)

욕(浴) 방에서 물이 흘러들게 되면 여자들이 음란하게 되고, 강물에 투신자살하거나 목을 메 자살하는 일이 있다. 꼬임에 빠지는 일을 당하며 중병을 앓거나 관재로 집안이 망한다. 자(子) 방이나 오(午) 방에서 흘러오면 도박이나 사치를 하며, 욕방의 물이 와서 생방으로 나가면 살림이 망가지고 색정으로 형벌을 받게 된다.

③ 대(帶)--------------------------문곡성(文曲星)

대(帶) 방으로 물이 들어오면 문창성에 가깝게 되는데 자손이 총명하고 풍류, 도박과 사치도 도를 넘는다. 7세의 아동이 시를 지을 정도로 똑똑하여 문장으로 명성(名聲) 있는 인물이 난다. 물이 흘러가는 것은 흉하여 아동이 죽거나 안녀자들이 피해를 입지만 이 방위에서 물이 나가지 않고 고여 있으면 吉하게 된다.

　④ 관(冠)-----------------------무곡성(武曲星)

　관(冠) 방으로 물이 들어오게 되면 녹마가 되어 기쁜 일이 생긴다. 젊은 나이에 청운의 길을 가고 임금을 보필하는 재상이 난다. 이 방위로 산과 물이 함께 나가는 것을 가장 두려워한다. 장성한 자손이 저승길로 가고 집안에는 과부의 곡소리가 끊이지 않고 재물이 텅 비고 자손을 찾아보기 어렵다.

　⑤ 왕(旺)-------------------------무곡성(武曲星)

　왕(旺) 방으로 물이 들어오면 명당의 왕성한 기운으로 재물을 모으고 벼슬이 높아지며 이름을 날리고 풍성한 곡식과 돈이 쌓인다. 가장 무서운 것은 생방에서 물이 들어오지 않고 死絶方에서 물이 와서 왕방으로 빠지는 것이다. 그렇게 되면 가문이 패가망신하고 가난해진다.

　⑥ 쇠(衰)-------------------------거문성(巨文星)

　쇠(衰) 방은 거문성이며, 학당이 된다. 여기서 물이 흘러들어오면 총명한 자손이 난다. 소년으로 급제하게 되고 문장가가 나온다. 장수하고 금전도 가득하다. 왕방에서 물이 들어오면 이 방으로 나가도 좋고 들어와도 좋다. 단지 구불구불 굽어서 들어오거나 고여 있으면 좋다.

　⑦ 병사(病死)-----------------------염정성(廉貞星)

　병사(病死) 방은 물이 절대로 들어오지 말아야 한다. 그렇게 되면 시험에 합격하여 벼슬이 높아지게 된다. 물이 돌아 향 앞으로 비스듬히 흘러가면 재혼하게 되며 음독자살과 총칼의 화가 닥치고, 다리를 절고 낙태하는 등의 재앙이 생긴다.

　⑧ 묘(墓)--------------------------파군성(破軍星)

묘(墓) 방 위에서 물이 들어오면 좋지 않으나 흘러나가는 것은 도리어 기쁘다. 못이나 웅덩이가 이곳에 있으면 甲富가 날 것이지만 탕연직거(蕩然直去)하면 집안의 자산(資産)이 쇄하여 마침내 채무로 수명을 다하지 못한다. 만일 물이 들어오게 되면 천 리 밖의 군병으로 차출되고 자식이 시들어진다.

⑨ 절태(絶胎)-----------------------녹존성(祿存星)

이 방위에 물이 들어오면 해당 방위가 층이 되어 후손이 끊어지고 아이가 있다 하여도 기르기 어렵다. 부자간에 헤어지고 부부도 이별한다. 물이 많이 흘러들면 음란하여 도망가고, 작은 물이면 음란하기만 하다. 그러나 이곳으로 물이 흘러나가면 조정에서 관복을 입는 벼슬을 한다.

9) 나침반 제9층의 지반정침 분금(地盤正針 分金)

지반정침 분금이란 나침반이 9층일 겨우 맨 바깥층에 해당되는 것으로서 120분금을 24방위에 10본식 배합시킨 것인데 이것을 60용에 다시 배합하면 1용은 4분씩 해당된다. 분금의 각 칸마다 갑자(甲子)가 들어가야 하나 고허(孤虛)와 살요(煞曜)를 빼고 빈칸을 그대로 두었다. 한 개의 좌 향에 사용 가능한 두 개식의 분금(分金)을 두었음으로 수구와 망자와 용혈에 맞는 분금을 선택해야 한다. 예컨대, 망인의 생년(生年)과 분금납음오행으로 상생(相生)과 상극(相剋)에 의하여 판단하는 것이 통설인데, 망명이 금(金)의 명(命)이면 상극이 되는 화(火)를 피하고 화(火)의 명(命)이면 수(水)를 피하고, 목(木)의 명(命)이면 금(金)을 피하고, 수(水)의 명(命)이면 토(土)를 피하고, 토(土)의 명(命)이면 수(水)를 피한다.

예컨대, 망자(亡者)가 갑자(甲子) 명(命)일 경우 납음오행(納音五行)은 해중금(海中金)의 금(金)이므로 좌향(坐向)을 경좌갑향(庚坐甲向)이나 신좌인향(辛坐寅向)으로 정했을 경우 해당분금은 병신(丙申)과 병인(丙寅)을 연결하는 한 가지 방법과 경신(庚申)과 경인(庚寅)을 연결하는 두 가지 방법이 있는데, 병신(丙申)과 병인(丙寅)을 연결했을 경우, 아래의 납음오행표(納音五行表)에 의하면 산하수(山下火)와 노중화(爐中火)의 화좌(火坐)가 되어 갑자(甲子) 명(命)과는 화극금(火剋金)의 자혈살(刺穴殺)이 되는데, 이 자혈살은 혈(穴)이 망자(亡者)를 다하는 것이다. 이때 분금을 경신(庚申)의 석류목(石榴木)과 경인(庚寅)의 송백목(松柏木)의 목좌(木坐)끼리 연결하면 갑자(甲子) 명(命)과는 비화가 되어 자혈살(刺穴殺)을 피하고 재록(財祿)도 만당(滿堂)하게 되는 것이다.

납음오행표(納音五行表)

갑자순(甲子旬)		갑술순(甲戌旬)		갑신순(甲申旬)	
갑자(甲子)	[海中金]	갑술(甲戌)	[山頭火]	갑신(甲申)	[井泉水]
을축(乙丑)	해중금	을해(乙亥)	산두화	을유(乙酉)	정천수
병인(丙寅)	[爐中火]	병자(丙子)	[澗下水]	병술(丙戌)	[屋上土]
정묘(丁卯)	노중화	정축(丁丑)	윤하수	정해(丁亥)	옥상토
무진(戊辰)	[大林木]	무인(戊寅)	[城頭土]	무자(戊子)	[霹靂火]
기사(己巳)	대림목	기묘(己卯)	성두토	기축(己丑)	벽력화
경오(庚午)	[路傍土]	경진(庚辰)	[白鑞金]	경인(庚寅)	[松柏木]
신미(辛未)	노방토	신사(辛巳)	백랍금	신묘(辛卯)	송백목
임신(壬申)	[劍鋒金]	임오(壬午)	[楊柳木]	임진(壬辰)	[長流水]
계유(癸酉)	검봉검	계미(癸未)	양류목	계사(癸巳)	장류수
공망(空亡)		공망(空亡)		공망(空亡)	
술해(戌亥)		신유(辛酉)		오미(午未)	
갑오순(甲午旬)		갑진순(甲辰旬)		갑인순(甲寅旬)	
갑오(甲午)	[沙中金]	갑진(甲辰)	[覆燈火]	갑인(甲寅)	[大溪水]
을미(乙未)	사중금	을사(乙巳)	복등화	을묘(乙卯)	대계수
병신(丙申)	[山下火]	병오(丙午)	[天河水]	병진(丙辰)	[沙中土]
정유(丁酉)	산하화	정미(丁未)	천하수	정사(丁巳)	사중토
무술(戊戌)	[平地木]	무신(戊申)	[大驛土]	무오(戊午)	[天上火]
기해(己亥)	평지목	기유(己酉)	대역토	기미(己未)	천상화
경자(庚子)	[壁上土]	경술(庚戌)	[釵釧金]	경신(庚申)	[石榴木]
신축(辛丑)	벽상토	신해(辛亥)	차천금	신유(辛酉)	석류목
임인(壬寅)	[金箔金]	임자(壬子)	[桑柘木]	임술(壬戌)	[大海水]
계묘(癸卯)	금박금	계축(癸丑)	상자목	계해(癸亥)	대해수
공망(空亡)		공망(空亡)		공망(空亡)	
진사(辰巳)		인묘(寅卯)		자축(子丑)	

VI

사택좌향(舍宅坐向)과 인간의 삶

Ⅵ. 사택좌향(舍宅坐向)과 인간의 삶

1. 동서사택(東西舍宅)의 좌향(坐向) 이해

1) 택지의 좋은 조건

양(陽) 택지(宅地)가 정해지고 건축함에서 다음의 조건을 반드시 고려해야 한다.

① 배산임수(背山臨水)

② 전저후고(前底後高)

③ 전착후관(前窄後寬)

풍경적인 면에서 "배산임수(背山臨水)"란 건물 뒤로는 산을 의지해야 하고 건물 앞으로는 물과 바람이 조화롭게 엮어주는 곳을 말한다. 이 배산임수로 건축함에서 『산수비기(山水秘記)』는 건강장수(健康長壽)한다고 주장하고 있다. 지형적인 면에서 "전저후고(前底後高)"는 가옥의 본채는 지형적으로 높게 건축하고 문간채는 낮게 건축하라는 것으로 이렇게 기획될 때는 "영웅이 태어난다"라는 의미를 갖고 있다. 그다음 셋째 조건으로 "전착후관(前窄後寬)"은 앞에 있는 대문은 좁게 하고 앞마당은 너그럽게 넓게 꾸민다는 것으로 부귀여산(富貴如山)과 같은 의미를 갖고 있다. 이것은 예부터 천기(天氣)와 지기(地氣)의 조화로 건강과 출세 그리고 부귀를 동시에 누린다는 것이 조상들의 지혜로운 삶의 이치인 것이다. 사택(舍宅)에는 주로 동사택과 서 사택을 선택하는데 동 사택은 감진손리(坎震巽離)로 일출하는 동쪽 방위로 귀격(貴格)을 상징한다. 경전에서 말하기를, "지유사세(地有四勢)요 기종팔방(氣從八方)"이라 하였다. 그래서 팔괘방위(八卦方位)가 가장 기(氣)가 왕성한 방위이기 때문에 저택에서 이 팔괘방위를 기본으로 삼아 최대로 활용하고 있는 것이 전형적인 예이다.

2) 동사궁택(東四宮宅)의 길흉

① 임·자·계[壬子癸] 3좌

자방(子方)	오방(午方)	묘방(卯方)	손방(巽方)	곤방(坤方)	건방(乾方)	간방(艮方)	유방(酉方)
길흉(吉凶)	자손(子孫)	부(富)	귀인(貴人)	인패(人敗)	재패(財敗)	병패(病敗)	변괴(變怪)

② 병·오·정[丙午丁] 3좌

자방(子方)	오방(午方)	묘방(卯方)	손방(巽方)	곤방(坤方)	건방(乾方)	간방(艮方)	유방(酉方)
자손(子孫)	길흉(吉凶)	부(富)	귀인(貴人)	변괴(變怪)	인패(人敗)	재패(財敗)	병패(病敗)

③ 갑·묘·을[甲卯乙] 3좌

자방(子方)	오방(午方)	묘방(卯方)	손방(巽方)	곤방(坤方)	건방(乾方)	간방(艮方)	유방(酉方)
부(富)	귀인(貴人)	길흉(吉凶)	자손(子孫)	재패(財敗)	병패(病敗)	변괴(變怪)	인패(人敗)

④ 진·손·사[辰巽巳] 3좌

자방(子方)	오방(午方)	묘방(卯方)	손방(巽方)	곤방(坤方)	건방(乾方)	간방(艮方)	유방(酉方)
귀인(貴人)	부(富)	자손(子孫)	길흉(吉凶)	병패(病敗)	재패(財敗)	인패(人敗)	변괴(變怪)

3) 서사궁택(西四宮宅)의 길흉

① 술·건·해[戌乾亥] 3좌

곤방(坤方)	건방(乾方)	간방(艮方)	유방(酉方)	자방(子方)	오방(午方)	묘방(卯方)	손방(巽方)
자손(子孫)	길흉(吉凶)	부(富)	귀인(貴人)	변괴(變怪)	인패(人敗)	병패(病敗)	재패(財敗)

② 미·곤·신[未坤申] 3좌

곤방(坤方)	건방(乾方)	간방(艮方)	유방(酉方)	자방(子方)	오방(午方)	묘방(卯方)	손방(巽方)
길흉(吉凶)	자손(子孫)	귀인(貴人)	부(富)	인패(人敗)	변괴(變怪)	재패(財敗)	병패(病敗)

③ 축·간·인[丑艮寅] 3좌

곤방(坤方)	건방(乾方)	간방(艮方)	유방(酉方)	자방(子方)	오방(午方)	묘방(卯方)	손방(巽方)
귀인(貴人)	부(富)	길흉(吉凶)	자손(子孫)	병패(病敗)	재패(財敗)	변괴(變怪)	인패(人敗)

④ 경·유·신[庚酉辛] 3좌

곤방(坤方)	건방(乾方)	간방(艮方)	유방(酉方)	자방(子方)	오방(午方)	묘방(卯方)	손방(巽方)
부(富)	귀인(貴人)	자손(子孫)	길흉(吉凶)	재패(財敗)	병패(病敗)	인패(人敗)	변괴(變怪)

2. 태양태음주마6임법[太陽太陰走馬六壬法]

1) 주마6임법(走馬六壬法)에서 길좌와 부좌(吉坐不坐)

① 임자좌(壬子坐)

자생(子生) 신후(神后)	축생(丑生) 대길(大吉)	인생(寅生) 공조(工曹)
오생(午生) 승광(勝光)	미생(未生) 소길(小吉)	신생(申生) 전송(傳送)
묘생(卯生) 태충(太沖)	진생(辰生) 천강(天罡)	사생(巳生) 태을(太乙)
유생(酉生) 종괴(從魁)	술생(戌生) 하괴(河魁)	해생(亥生) 등명(登明)

② 계축좌(癸丑坐)

자생(子生) 대길(大吉)		축생(丑生) 공조(工曹)		인생(寅生) 태충(太沖)	
오생(午生) 소길(小吉)		미생(未生) 전송(轉送)		신생(申生) (종괴從魁)	
묘생(卯生) 천강(天罡)		진생(辰生) 태을(太乙)		사생(巳生) 승광(勝光)	
유생(酉生) 하괴(河魁)		술생(戌生) 등명(登明)		해생(亥生) 신후(神后)	

③ 간인좌(艮寅坐)

자생(子生) 공조(工曹)		축생(丑生) 태충(太沖)		인생(寅生) 천강(天罡)	
오생(午生) 전송(傳送)		미생(未生) 종괴(從魁)		신생(申生) 하괴(河魁)	
묘생(卯生) 태을(太乙)		진생(辰生) 승광(勝光)		사생(巳生) 소길(小吉)	
유생(酉生) 등명(登明)		술생(戌生) 신후(神后)		해생(亥生) 대길(大吉)	

④ 갑묘좌(甲卯坐)

자생(子生) 태충(太沖)		축생(丑生) 천강(天罡)		인생(寅生) 태을(太乙)	
오생(午生) 종괴(從魁)		미생(未生) 하괴(河魁)		신생(申生) 등명(登明)	
묘생(卯生) 승광(勝光)		진생(辰生) 대길(大吉)		사생(巳生) 공조(工曹)	
유생(酉生) 신후(神后)		술생(戌生) 소길(小吉)		해생(亥生) 전송(傳送)	

⑤ 을진좌(乙辰坐)

자생(子生) 천강(天罡)		축생(丑生) 태을(太乙)		인생(寅生) 승강(勝光)	
오생(午生) 하괴(河魁)		미생(未生) 등명(登明)		신생(申生) 신후(神后)	
묘생(卯生) 소길(小吉)		진생(辰生) 전송(傳送)		사생(巳生) 종괴(從魁)	
유생(酉生) 대길(大吉)		술생(戌生) 공조(工曹)		해생(亥生) 태충(太沖)	

⑥ 손사좌(巽巳坐)

자생(子生) 태을(太乙)		축생(丑生) 승광(勝光)		인생(寅生) 소길(小吉)	
오생(午生) 등명(登明)		미생(未生) 신후(神后)		신생(申生) 대길(大吉)	
묘생(卯生) 전송(傳送)		진생(辰生) 종괴(從魁)		사생(巳生) 하괴(河魁)	
유생(酉生) 공조(工曹)		술생(戌生) 태충(太沖)		해생(亥生) 천강(天罡)	

⑦ 병오좌(丙午坐)

자생(子生)	승광(勝光)	축생(丑生)	소길(小吉)	인생(寅生)	전송(傳送)
오생(午生)	신후(神后)	미생(未生)	대길(大吉)	신생(申生)	공조(工曹)
묘생(卯生)	종괴(從魁)	진생(辰生)	하괴(河魁)	사생(巳生)	등명(登明)
유생(酉生)	태충(太沖)	술생(戌生)	천강(天罡)	해생(亥生)	태을(太乙)

⑧ 정미좌(丁未坐)

자생(子生)	소길(小吉)	축생(丑生)	전송(傳送)	인생(寅生)	종괴(從魁)
오생(午生)	대길(大吉)	미생(未生)	공조(工曹)	신생(申生)	태을(太乙)
묘생(卯生)	소괴(河魁)	진생(辰生)	등명(登明)	사생(巳生)	신후(神后)
유생(酉生)	천강(天罡)	술생(戌生)	태을(太乙)	해생(亥生)	승광(勝光)

⑨ 곤신좌(坤申坐)

자생(子生)	전송(傳送)	축생(丑生)	종괴(從魁)	인생(寅生)	하괴(河魁)
오생(午生)	공조(工曹)	미생(未生)	태충(太沖)	신생(申生)	천강(天罡)
묘생(卯生)	등명(登明)	진생(辰生)	신후(神后)	사생(巳生)	대길(大吉)
유생(酉生)	태을(太乙)	술생(戌生)	승광(勝光)	해생(亥生)	소길(小吉)

⑩ 경유좌(庚酉坐)

자생(子生)	종괴(從魁)	축생(丑生)	하괴(河魁)	인생(寅生)	등명(登明)
오생(午生)	태충(太沖)	미생(未生)	천강(天罡)	신생(申生)	태을(太乙)
묘생(卯生)	신후(神后)	진생(辰生)	대길(大吉)	사생(巳生)	공조(工曹)
유생(酉生)	승광(勝光)	술생(戌生)	소길(小吉)	해생(亥生)	전송(傳送)

⑪ 신술좌(辛戌坐)

자생(子生)	하괴(河魁)	축생(丑生)	등명(登明)	인생(寅生)	신후(神后)
오생(午生)	천강(天罡)	미생(未生)	태을(太乙)	신생(申生)	승광(勝光)
묘생(卯生)	대길(大吉)	진생(辰生)	공조(工曹)	사생(巳生)	태충(太沖)
유생(酉生)	소길(小吉)	술생(戌生)	전송(傳送)	해생(亥生)	종괴(從魁)

⑫ 건해좌(乾亥坐)

자생(子生)	등명(登明)	축생(丑生)	신후(神后)	인생(寅生)	대길(大吉)
오생(午生)	태을(太乙)	미생(未生)	승광(勝光)	신생(申生)	소길(小吉)
묘생(卯生)	공조(工曹)	진생(辰生)	태충(太沖)	사생(巳生)	천강(天罡)
유생(酉生)	전송(傳送)	술생(戌生)	종괴(從魁)	해생(亥生)	하괴(河魁)

신후(神后)는 [吉坐], 대길(大吉)은 [不坐], 공조(工曹)는 [吉坐], 태충(太沖)은 [不坐], 천강(天罡)은 [吉坐], 태을(太乙)은 [不坐], 승광(勝光)은 [吉坐], 소길(小吉)은 [不坐], 전송(傳送)은 [吉坐], 종괴(從魁)는 [不坐], 하괴(河魁)는 [吉坐], 등명(登明)은 [不坐]

2) 태양태음주마6임법(太陽太陰走馬六壬法)의 12가지 용어해설

① 신후(神后)---주로 양성(陽星)의 수덕(水德)이며 이 좌향으로 사는 집이면 새로운 집을 짓는다든가 집을 사들인다든가 재물이 생기는가 하면 특히 <신자진(申子辰)>년에 육축(六畜)까지도 흥성할 수가 있다.

② 대길(大吉)---주로 음성(陰星)의 토덕(土德)이며 이 방위에 해당하는 사람은 120일 내, 즉 3개월 내에 우마(牛馬)를 손실하든가 1년 이내에 부녀가 불합하든가 재산도 어지러워진다. <자오묘유(子午卯酉)>년이나 <인신사해(寅申巳亥)>년에 병재(病災)가 있든가 <진술축미(辰戌丑未)>년에 우마나 재물에 손실이 있기도 한다.

③ 공조(工曹)---주로 양성(陽星)의 목덕(木德)이며, 귀인(貴人)을 상봉(相逢)한다. 재물이 왕성해지며 <인신사해(寅申巳亥)>년에 더욱 유익하다.

④ 태충(太沖)---주로 음성(陰星)의 목덕(木德)이며 남녀가 음란하게 되고 전택을 손실하든가 또는 생이별을 하는 악조건이 <해묘미(亥卯未)>년에 있다. 나아가 패가(敗家)할 수도 있다.

⑤ 천강(天罡)---주로 양성(陽星)의 토덕(土德)이며 횡재(橫財)를 하든가 전장(田庄)이 증식되든가 하며 이 좌향(坐向)으로 집을 지으면 60일 이내에 스스로 우마를 얻게 되든가 귀자(貴子)를 얻을 수 있다.

⑥ 태을(太乙)---주로 음성(陰星)의 화덕(火德)이며, 이 좌의 집은 대부분 산패(散敗)

하며 또는 <인신사해(寅申巳亥)>년에 관재(官災)가 있든가 <진술축미(辰戌丑未)>년에 살생(殺生)이 생기든가 묘(卯)년이나 유(酉)년에 장자(長子)가 봉적(逢賊)하든가 우마(牛馬)를 손실하든가 혹은 <진술축미(辰戌丑未)>년에 인정(人丁)에 손실이 있을 수 있다.

⑦ 승광(勝光)---주로 양성(陽星))의 화덕(火德))이며 이 좌향에 먼저 등마(登馬) 금옥(金玉)의 영광을 누리는 관계로 자연 그 이름이 사방에 떨칠 것이며 <인오술(寅午戌)>년은 더욱더 빛나며 횡재하든가 우마가 증식된다.

⑧ 소길(小吉)---주로 음성(陰星)의 토덕(土德)이며 이 좌향은 재물이 손산(損散)되든가 손명(損命)하기도 하고 <인오술(寅午戌)>년은 특히 사람이 불의의 손실을 당하기도 하며 <사유축(巳酉丑)>년에 전택(田宅)이 손실이 있든가 혹은 갑자(甲子)년에 대패(大敗)할 수도 있다.

⑨ 전송(傳送)---주로 양성(陽星)의 금덕(金德)이며 이 좌향에 살면 논밭과 집의 증식은 물론이고 특히 <사유축(巳酉丑)>년에 진재(進財)또는 등과(登科)하기도 하며 집을 짓는 사람은 인부가 많아지며 <자오묘유(子午卯酉)>년에는 크게 발응(發應)하기도 한다.

⑩ 종괴(從魁)---주로 음성(陰星)의 금덕(金德)이며 이 집에서는 관재(官災)가 발생한다든가 가모(家母)에 대해서는 붕순(不順)한 일이 생기는가 하면 <사유축(巳酉丑)>년에 소자(小子)가 유해(有害)하며 쟁송(爭訟)이 생기며 <자오묘유(子午卯酉)>년은 대패(大敗)의 염려가 있다.

⑪ 하괴(河魁)---주로 양성(陽星)의 토덕(土德)이며 이 집은 단 시일 내에 스스로 우마(牛馬)의 증식이나 재물을 얻게 되어 년 내에 귀자(貴子)를 출산하며, 120일 이내에 큰 도움을 받게 될 것이며, <신자진(申子辰)>년은 더욱 큰 발복(發福)이 있게 된다.

⑫ 등명(登明)---주로 음성(陰星)의 수덕(水德)이며 이 집은 모(母)가 먼저 돌아가며 장자손(長子孫)에 재해(災害)나 손재(損財)또는 관재(官災)가 있을 수 있으며 <인신사해(寅申巳亥)>년에 병재(病災)가 있을 수 있으며 특히 묘유(卯酉)년에는 대패(大敗)할 수도 있다.

3. 사택건립의 팔괘 팔 방위(八卦八方位)

1) 사택의 8괘와 방위

(1) 감리진태(坎離震兌) 간손곤건(艮巽坤乾)

괘(卦)	3좌(坐)	방위(方位)	괘(卦)	3좌(坐)	방위(方位)
감(坎)	임자계 (壬子癸)	감방(坎方)	간(艮)	축간인 (丑艮寅)	간방(艮方)
이(離)	병오정 (丙午丁)	이방(離方)	손(巽)	진손사 (辰巽巳)	손방(巽方)
진(震)	갑묘을 (甲卯乙)	진방(震方)	곤(坤)	미곤신 (未坤申)	곤방(坤方)
태(兌)	경유신 (庚酉辛)	태방(兌方)	건(乾)	술건해 (戌乾亥)	건방(乾方)

2) 8방위와 음양

괘(卦)	3방위(方位)	인서(人序)	음양(陰陽)	좌(坐)
감(坎)	임자계(壬子癸)	중남(中男)	양(陽)	자좌(子坐)
리(離)	병오정(丙午丁)	중녀(中女)	음(陰)	오좌(午坐)
진(震)	갑묘을(甲卯乙)	장남(長男)	양(陽)	묘좌(卯坐)
태(兌)	경유신(庚酉辛)	소녀(少女)	음(陰)	유좌(酉坐)
간(艮)	축간인(丑艮寅)	소남(少男)	양(陽)	간좌(艮坐)
손(巽)	진손사(辰巽巳)	장녀(長女)	음(陰)	손좌(巽坐)
곤(坤)	미곤신(未坤申)	노모(老母)	양(陽)	곤좌(坤坐)
건(乾)	술건해(戌乾亥)	노부(老父)	음(陰)	건좌(乾坐)

3) 동서사택(東西舍宅)의 8방위(八方位)

사택 (舍宅)	8방위 (方位)	방향(方向)	오행(五行)	인서(人序)	음양(陰陽)	하락수 (河洛數)	팔괘(八卦)
동사택 (東舍宅)	임자계 (壬子癸)	북(北)	수(水)	중남(中男)	양(陽)	1-6	☵
동사택 (東舍宅)	갑묘을 (甲卯乙)	동(東)	목(木)	장남(長男)	양(陽)	3-8	☳
동사택 (東舍宅)	진손사 (辰巽巳)	동남간 (南東間)	목(木)	장녀(長女)	음(陰)	3-8	☴
동사택 (東舍宅)	병오정 (丙午丁)	남(南)	화(火)	중녀(中女)	음(陰)	2-7	☲
서사택 (西舍宅)	축간인 (丑艮寅)	북동간 (北東間)	토(土)	소남(少男)	양(陽)	5-0	☶
서사택 (西舍宅)	미곤신 (未坤申)	남서간 (南西間)	토(土)	노모(老母)	음(陰)	5-0	☷
서사택 (西舍宅)	경유신 (庚酉辛)	서(西)	금(金)	소녀(少女)	음(陰)	4-9	☱
서사택 (西舍宅)	술건해 (戌乾亥)	북서간 (北西間)	금(金)	노모(老母)	양(陽)	4-9	☰

4) 나침반 고정처의 선택방법

(1) 일반가옥과 기타사무실

① 일반 독립가옥에서는 나침반의 고정처를 선택하는 방법은 건물의 평면평수와 안마당의 평수가 반반(半半)일 때는 나침반의 고정처는 안마당의 내각선 중심점에 고정하고 격정(格定)한다.

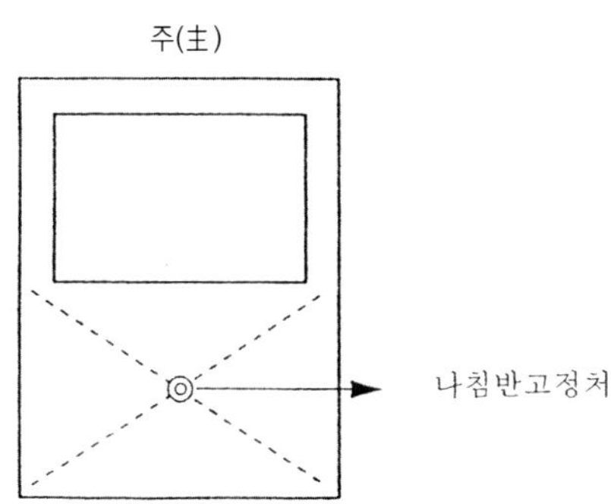

② 안마당이 건물보다 적을 때는 대지전체(垈地全體)의 중심점(中心點)에 나침반을
놓고 격정(格定)한다.

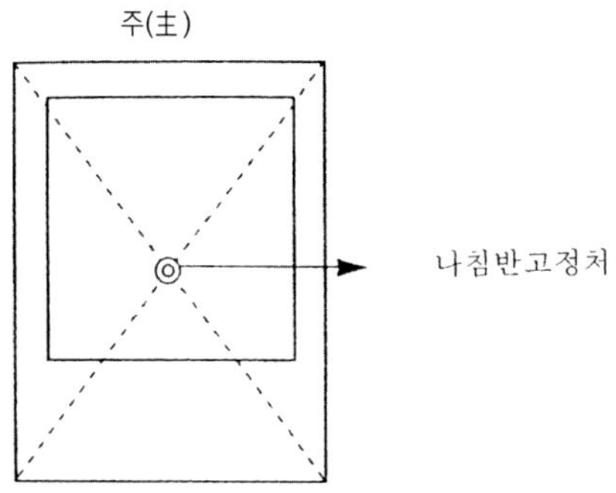

③ 안마당이 건물보다 아주 작거나 혹은 몇 배로 클 경우에는 건물(建物)의 중심
점(中心點)에 나침반을 놓고 격정(格定)한다.

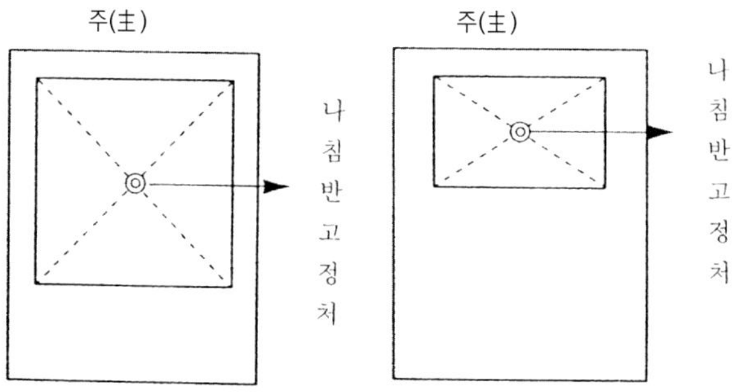

④ 안마당이 격(格)에 맞게 있고도 뒷마당이 건물평수(建物坪數)와 비슷한 마당이
또 있으면 대지 전체의 중심점에 나침반을 놓고 격정(格定)함이 원칙이다.

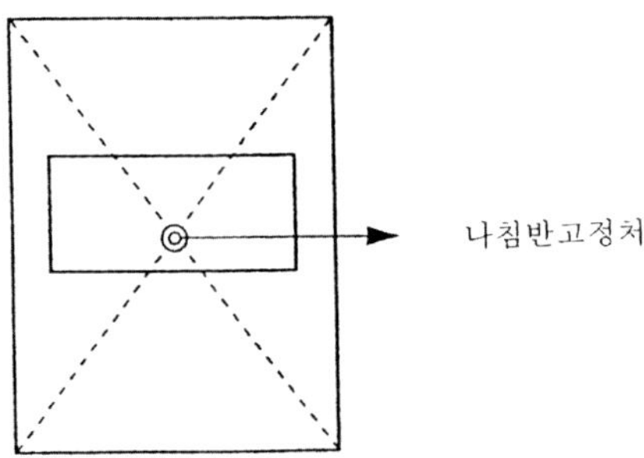

아파트는 일 세대 전체 구조에서 처한 곳(베란다)을 제(除)한 실면적의 중심점에 나침반을 놓고 격정(格定)하여 주 위치와 출입구를 상대로 길흉사택을 살피는 것이다. 점포와 사무실은 점포나 사무실 중심에 나침반을 놓고, 점포는 카운터를 주로 하고, 사무실은 사장실을 주로하며, 식당은 주방을 주로 하여 길흉화복을 가늠하는 것이다.

정두봉(鄭杜奉) ────────────────────────────────────

성균관 선비학당 진사반 35기 졸업

『신구의례전고』

천병준(千昞俊) ────────────────────────────────────

경북대학교 대학원 석·박사 과정 졸업(철학박사)
現 경북대학교 <철학의 이해>, <논리와 비판적 사고>, <과학기술, 인문 글쓰기> 강의

『강좌동양철학사상』
『왕부지의 내재적 기 철학』
『동양철학의 이해』

「왕선산의 기철학의 본체론」
「왕부지사론에서의 정제 개혁론」
「원시유가의 조화론」
「왕부지 기 철학의 내재관적 화생론」
「퇴계의 4·7논쟁에서 인설에 대한 대설의 논리」
「퇴계의 성학십도에 나타난 주경의 진의」
「노자철학에서 무의 생성론과 기능의 철학적 고찰」 외 다수

초 판 인 쇄 | 2011년 12월 1일
초 판 발 행 | 2011년 12월 1일

엮 은 이 | 정두봉, 천병준
펴 낸 이 | 채종준
펴 낸 곳 | 한국학술정보㈜
주   소 | 경기도 파주시 문발동 파주출판문화정보산업단지 513-5
전   화 | 031) 908-3181(대표)
팩   스 | 031) 908-3189
홈 페 이 지 | http://ebook.kstudy.com
E - m a i l | 출판사업부 publish@kstudy.com
등   록 | 제일산-115호(2000. 6. 19)

ISBN   978-89-268-2805-2 93980 (Paper Book)
          978-89-268-2806-9 98980 (e-Book)

이 책은 한국학술정보(주)와 저작자의 지적 재산으로서 무단 전재와 복제를 금합니다.
책에 대한 더 나은 생각, 끊임없는 고민, 독자를 생각하는 마음으로 보다 좋은 책을 만들어갑니다.